自動車技術会70周年
記念インタビュー

独創技術が生み出すブランドの力

―国内14メーカーが語る―

SINCE 1947
JSAE 70th
躍進、未来へ。

公益社団法人
自動車技術会

はじめに

本年2月1日、公益社団法人自動車技術会は、創立70周年を迎えました。そして、創立記念事業として、記念式典・特別講演会の開催や、各種記念出版物の刊行を行ってまいりました。その出版刊行物の一つが、本書『―国内14メーカーが語る― 独創技術が生み出すブランドの力』です。

振り返りますと、60周年の折にも会誌別冊で『技術者たちの叡知とロマン～自動車産業を支えた技術者たち～』を発行し、これを合冊して『クルマづくりの挑戦者たち～技術者たちの叡知とロマン～』を刊行しております。

それから10年の歳月を経て、自動車産業を取り巻く環境は大きく変化し、また将来への新たな技術導入が進められる時代となりました。時代の変化の中で、過去10年、そしてこれからの10年を見据え、国内14メーカーがどのような技術革新をもたらそうとしているのか。各社の独創を活かし、未来へと躍進する姿を捉えたのが、本書であります。

各社が採り上げたテーマは、まさに独創性や独自性を活かしているのは勿論、そうした背景にあるのは、創業者また創業時代の諸先輩技術者たちが展望した志に根付いたものであることが見えてきます。

今日、技術開発の場面では、コンピュータを活用した設計やシミュレーションが、開発工程の効率化と、精緻で高度な新技術を生み出すようになっていますが、本書から同時に気づかされるのは、あくまで現場・現物・現実という三現主義が要であるという原理原則が息づいていることです。

日本という小さな国の中に、14ものメーカーが存続し、さらに数々の部品メーカーが技能や進歩を支え、一体となって切磋琢磨し続けていることが、日本の自動車技術の躍進を支えていることに思いを新たにします。こうした数多くのメーカーによる競争は、他の国ではあまり目にすることのないことです。

同時にまた、日本のメーカーは、常に消費者や利用者の方々がいかに安心と満足を得られるかという、顧客目線で開発することを忘れません。世のため人のために、人々が幸福になる物づくりの姿勢もまた、日本特有のものではないでしょうか。

環境保全や永続的なエネルギーへの対応、そして交通事故ゼロを目指す次世代の自動車社会に向けて、過去に学び、今日を磨き、未来を展望する技術開発の一助に本会が貢献していくことを願い、また本書がその一役を担うきっかけになることを祈念しております。

2017年秋

公益社団法人自動車技術会
第29代会長　**松本宜之**
本田技研工業（株）取締役専務執行役員
（株）本田技術研究所　代表取締役社長

◎目次

※本文中　敬称略
なお所属・肩書きは基本的に取材時（2016～2017年）のもの

Chapter 1 先進視覚サポート技術「VAT」

ISUZU View Assist Technology

事故回避から物流の効率化を求めて

いすゞ自動車株式会社

トラック、バスの事故は社会的に大きく影響する。
先進安全自動車（ASV）から始まったいすゞの取り組みは
車間距離警報装置からスタートした。
選んだのはミリ波レーダーだった。気象状況に左右されにくい探知性能は、
天候にかかわらず運行されるトラック・バスには必要と考えられたからだった。
それが先進視覚サポート技術「VAT」（View Assist Technology）である。

車間距離警報から始まった安全への取り組み

1991年（平成3年）から、運輸省（現在は国土交通省）が自動車・二輪メーカー、そして学識経験者、関係団体や省庁と連携して推進してきた先進安全自動車（ASV）の取り組みは、乗用車での基本仕様設定から始まった。そして1996年からの第2期で、トラック・バス、そして二輪車の基本仕様設定が行われた。

そうした安全への取り組みが進むなかで、いすゞ自動車は、追突事故を未然に防ぐ装置として、2002年（平成14年）に〝車間距離警報装置〟を大型トラックに市場導入した。共同開発をした日立製作所は、同年7月に秋からの量産を発表している。

電装・制御開発部 先進安全制御開発グループのシニアエキスパートである島高志は、

「車間距離警報装置の開発は、'90年代に始めました。

トラックの交通事故は、毎年同じように起きていた時代だったと思います。トラック事故は一度起こるとその影響は大きく、またインターネットなどの情報・通信網を通じて拡散し、これまで以上に人々が交通安全を意識する機会が増えていたころだったと思います」と振り返る。

国土交通省の統計によれば、1990年代初頭からじわじわとトラック事故件数は増えだし、2000年（平成12年）から3万5000件超での高止まりが続いていた。そして、2004年以降、徐々に減少傾向へと移っていく。

〝車間距離警報装置〟発売当初の様子を、電装・制御開発部の部長である鈴木智博は、

「注文装備の設定であったこともあるでしょうが、社会的な要求や認識がまだそれほど高まっておらず、あまり売れなかったのを覚えています。価格が現在の2倍くらいしており、商用車という生産財としてのトラックではお客様の原価意識も高く、売り上げは芳しくありませんでした。しかも、装備としての機能は、車間距離警報しかありません。今日のような衝突被害軽減ブレーキなどにまで機能が広がっていれば、状況はまた違ったかもしれませんが…。

それでも、この開発を行うことでミリ波レーダーの特

性を学ぶことができ、その後の開発につながったと思います」

と、当時の市場環境を話す。

ミリ波レーダーを選択した訳

最初にいすゞが取り組んだ〝車間距離警報装置〟は、ミリ波レーダーを使った運転支援システムだった。ミリ波レーダーは、ほかに採用された例はまだない時代であったが、採用の背景を島は、次のように説明する。

「いすゞは当時、運転支援システムの分野では後発であったこともあり、きちんと機能する装置にするとの観点で、ミリ波レーダーをセンサに選びました。

乗用車で先行していた運転支援システムは、レーザーレーダー（ライダー）を使用していましたが、我々は装置の信頼性を優先してミリ波レーダーを選んだのです。しかしながら、当時は車載用のミリ波レーダーがまだ存在しておらず、日立製作所から提案を受け、一緒に開発することになりました。そして、商用車で世界初のミリ波レーダー搭載となったのです」

レーザーレーダー（Laser radar）――正式にはライダー（LIDAR = Light Detection and Ranging）は、短い波長の光を用い、反射光を受光するまでの時間で距離を測る。それに対しミリ波レーダーは、電波を使い、100m程度の範囲で状況を探知することができる。そして、霧や降雨、降雪でも機能する。

島は続けて、

「トラックの場合、物流のため天候の如何を問わず運行されるので、原理的に気象条件の影響を受けにくい方式を選びました。ただし、ミリ波レーダーとはいえ、大雨の中で前車に接近し過ぎてタイヤが跳ね上げる水しぶきを浴び続ける状況では、検知が不安定になります。それでも、そうなる前に、前方に車両がいることを警報できるので、よしと判断しました」

鈴木は、売れ行きがよくなかったと振り返ったが、まもなく、高速バス会社から〝車間距離警報装置〟を取り付けたいとの依頼が届いた。

「我々メーカーはもちろんですが、市場やお客様の安全への認識も次第に高まってきたのでしょう」と市場の変化を感じたという。

１９９９年の道路運送法改正により、バス業界では、運送事業への参入が免許制から許可制に変更となった。それに合わせて、増車規制も許可制から届け出制に変更となっている。この規制緩和は翌２０００年から施行され、以後、貸し切りツアーバスでの事故件数が増加したことが世の中で注目されるようになった。高速道路での乗り合いバスと貸し切りのツアーバスとでは運行状況を区別する必要はあるものの、バス事故という一般的な見方での安全に、注目が集まったのは事実であった。

こうした背景から、いすゞは、ＪＲバス関東の強い要望により、大型トラック専用に設定していた〝車間距離警報装置〟を特別設定することにした。

橋脚を障害物と区別できなかった

さて本題に戻り、大型トラックにおける運転支援装置

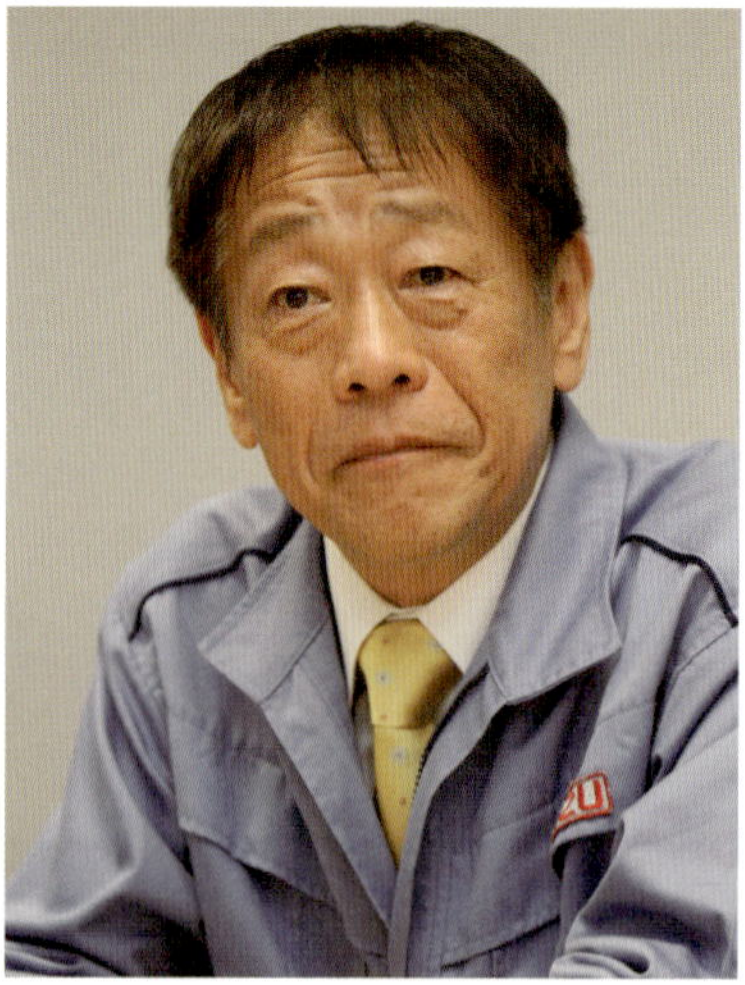

鈴木 智博 Tomohiro SUZKI
いすゞ自動車株式会社
電装・制御開発部
部長

島 高志 Takashi SHIMA
いすゞ自動車株式会社
電装・制御開発部
先進安全制御開発グループ　シニアエキスパート

の開発の特徴は、どういったところにあるのだろうか。島は、

「端的に言って、空荷か積載かによって、大型トラックの場合、車両重量が12トンから25トンまで2倍以上の差が生じることに難しさがあります。2倍を超える重量差の中で、同じようにブレーキを掛けるのは難しい。

また、空荷か積載かによって車両の姿勢も変化するので、電波を照射する際のビームの向きも上下に変化します。空荷では若干下を向いていますが、積載状態では上を向いて、それによって橋脚や上を通る道路などを障害物と捉え、ブレーキをかけてしまうなどが起こる恐れがあります。

都市部の高速道路は、上り車線と下り車線で上下2層(ダブルデッキ道路)となっている部分があります。その道路を支える橋脚は鋼鉄製であり、ダブルデッキ道路の下側を走行するとき、車載用ミリ波レーダーでは垂直方向の物体の存在位置を分離できないため、橋脚に反射した電波が、衝突する可能性のある物であるか、その下を通過できる物体なのかを分離することは技術的に難しい。その対策が当然必要になり、ファジー集合のメンバーシップ関数を用い、ソフトウェアによって対象物が障害物であるか、それ以外の建築物などであるかを判断するようにしました。

具体的に説明しますと、障害物が前を走る自動車の場合は、走っている車両と簡単に見分けられます。一方、渋滞の最後尾など停止している車両か、あるいはダブルデッキ道路の上部の橋脚かを区別するのは非常に難しいところです。そこで、電波の反射中心が一点に集中する車両と、反射面積の大きい橋脚や、幅があるため電波反射中心が定まらずゆらゆら左右に揺れるように電波が戻ってきたり、上部構造物に対して発生する多重波伝播(マルチパス)による反射電波の位相のズレによって電波の強弱が発生したりする電波反射特性の傾向の違いを、コンピュータで判断しています」と解説する。

大型トラックならではのそうした工夫が求められる理由について、鈴木は、

「ミリ波レーダーなど機能部品は、トラック・バスの販売台数からすると大量生産が難しいため、乗用車用と同じ部品を使っているからです。部品をトラック・バス用に改良すればいいのではないかと当初は考えましたが、

それは甘かった。ではどうするかと考えたのが、ソフトウェアでの対応でした。したがって、開発においては、トラックならではの特性を、商用車専門メーカーとしていかに熟知しているかが問われます。

センサの設置の仕方も、走行中のピッチングの影響などを受けにくい場所として、2世代目のミリ波レーダーでは地上から約50㎝の高さに搭載しましたが、現在の3世代目では、より高い約80㎝のところに取り付けています。約50㎝の高さに設置した際も、ピッチングなどの影響を受けにくいことを考慮していたのですが、その後、継続的にデータを収集していくうちに、より高い位置である方が路面からのマルチパスの影響を受けにくく、なおかつ、高いところにある橋脚などの影響を含めたバラツキが出にくいことが分かり、改めました」と、説明する。

島は、

「空荷と積載状態とで車両の高さが変わっても、ミリ波レーダーの姿勢は変わらないので、そういうところもトラックならではの苦労と言えるでしょうね」と話す。そして、「ソフトウェアの開発にはきりがなく、現在も改良を続けているところです」と付け加えるのである。

机に道路構造令を積み上げマンホールも手に入れた

鈴木も、

「2世代目の開発の際に相当な距離を走り込み、日本中を走り回って、ミリ波レーダーはどこが苦手なのかを探しました。そして社に戻っては改良し、また走りに行くという繰り返しです。それが、3世代目への改良につながっています」（図1）

と、実際に走り込んでの作り込みの重要性を語る。

走行試験の様子を島は、

「弊社は、関東にある会社ですので、まず関東の道路を中心に走ってチューニングを行いました。ところが、関西へ行くともっと厳しい道路条件があると聞いて走りに行っています。

私は、この開発の前までエンジン制御やABSの開発に携わり、それらは自分の会社のクルマをどう仕上げていくかという取り組みでした。一方、運転支援装置は、

図１　ミリ波レーダーとカメラの二重検知を採用した大型トラックGIGA

社外の世界を知らないとできません。そこで、まず道路公団へ行き、道路構造令を基にした建造物の高さなどについて学びました。もちろんほかに、首都高速道路公団や関西高速、九州の高速道路などについても勉強しに行き、机の上には道路構造令が積み上げられるといった状態でした」

するとと鈴木が、「マンホールも買って試験をしたね」と言い出した。

「ミリ波レーダーは路面の金属による電波反射も検知すると聞いたので、マンホールは自治体によっていろいろな絵柄があり、図案によっては路面からの反射に影響があるのではないかという話になったのです。ことに北九州市のマンホールは、ヒマワリの絵柄で、絵柄の端がこちらを向いていると影響が出るのではないかということになりました」

そこで島は、マンホールの入手に動いた。ただし、「北九州市のマンホールを製作しているメーカーはすぐ分かったのですが、自治体の備品ですので、勝手に買うわけにはいきません。市役所に事情を説明して稟議書を通してもらい、ようやく購入できることになりました。結局、マンホールはミリ波レーダーに支障がないという結論に達するのですが、結論を得るまで数年の歳月を要し、あるときはマンホールの蒐集マニアと勘違いされたこともありました」と笑う。

ミリ波レーダーによる衝突被害軽減自動ブレーキを採

用する自動車メーカーは、あらゆる誤作動の危険性を排除しなければ市場導入することはできない。そこを一つひとつ潰していく作業が行われたのである。

次の世代からの新しい展開

さらに、鈴木は、

「路面や道路環境のほかに、人の要素も加わってきます」

と、新たな課題を話しだす。

「運転者個々の運転の仕方によって、どのような運転支援の機能であれば事故を防ぐことができるかが違ってきます。運送会社に依頼して、運行のデータなどを集めさせていただきましたが、それで完璧ということにはなりません。テストコース内でも様々な状況設定をして試験をしていますが、それでも終わりはないという感じです」

と、市場導入後の使われ方にまつわる苦労を語る。

たとえば、運転者によって、車間距離の取り方やブレーキのかけ方などに違いがある。荒い運転をする運転者の場合、本人は支障ないと思っていてもシステムが危険と判断したらブレーキをかけてしまう懸念がある。不必要にブレーキが掛かるために、事故を誘発する恐れも考えられた。

また減速のさせ方にも工夫がいると、島は言う。

「乗用車が、大型トラックの後ろに近づいてしまうことがあります。そこで、ブレーキランプを点灯し警告段階では、弱い0.1G程度のブレーキの掛け方とし、後続の乗用車がブレーキを掛けられる余裕を残します。そのあと、強いブレーキを掛けて緊急制動させるなど、後続車の追突を回避させることも考えると、制動のさせ方がより難しくなってきます」

こうした地道な努力の積み上げが、ミリ波レーダーによる運転支援装置の完成につながっていった。

当初は、〝車間距離警報装置〟のみでの実用化だったが、2005～2007年にかけての2世代目では〝車間距離警報装置〟を標準装備としたうえで、〝衝突被害軽減ブレーキ〟と〝追従機能付きクルーズコントロール〟が追加される。続いて2015年に3世代目となり、〝追従機能付きクルーズコントロール〟は2世代目

図2　視覚サポート技術「VAT」の概要

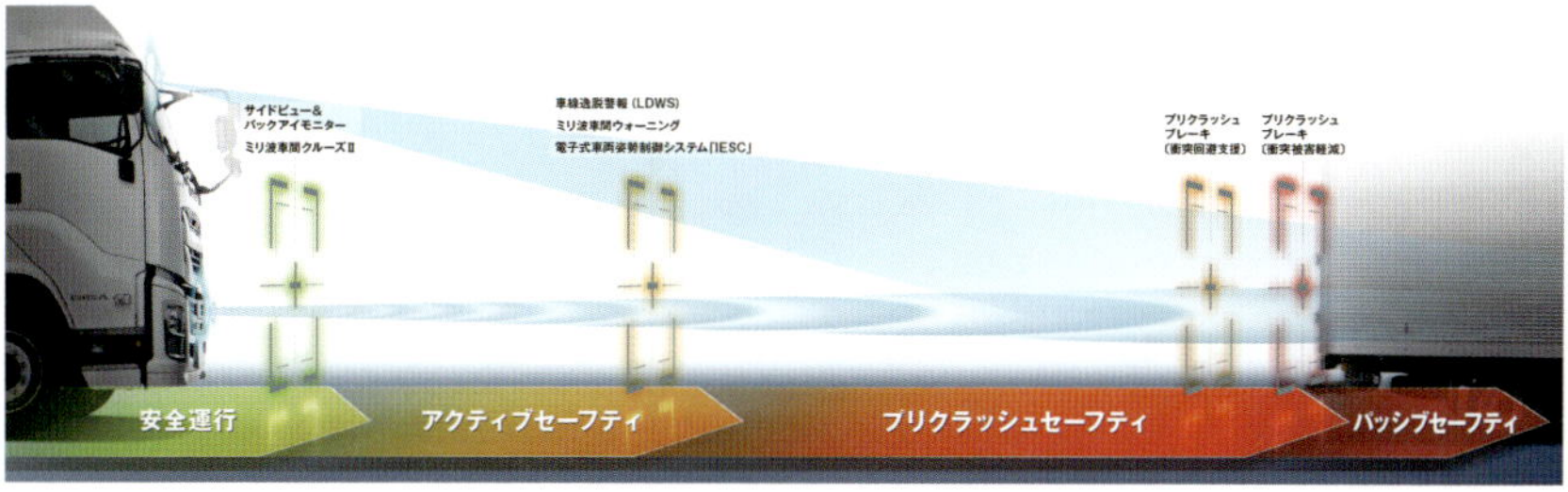

図3「VAT」の二重検知による安全支援展開

の排気ブレーキでの減速に加え、主ブレーキも併用する仕様となった。また、大型トラックから中型トラックへの展開も始まっている（図2・3）。

　こうした過程で、原価低減も進んだ。

「2世代目で、〝車間距離警報装置〟を大型トラックに標準装備としたことから、ミリ波レーダーの数が出るようになりました。しかしながら、ミリ波レーダーという部品については引き続き乗用車で使われているものを流用する状況です。したがって、電源として乗用車の12Vと、商用車の24Vという違いも出てくるわけです。乗用車の部品を使う以上、12Vで作動させるし

図4　左は初代衝突被害軽減ブレーキ用ミリ波レーダーとコントローラ。右は現行衝突被害軽減ブレーキ用のミリ波レーダーと単眼カメラ、コントローラ

かありません。そこで、車両制御を行うコントローラ部分にレーダー用12V電源を用意し、システム全体は24Vで作動させています。電圧の調整は弊社内でできることですから、そうした取り組みによって可能な限り安く仕上げるようにしています」と、島は語る（図4）。

トラックとトレーラーの違い

ところで、大型トラックと一括りでここまで話を進めてきたが、運転席と荷台が一体となったいわゆるトラックと、運転席が独立して荷台を牽引するトレーラーとでは運転の仕方が違うはずだ。

「その通りです」と島。

「我々が単車と呼んでいる全長12mのトラックと、トラクターヘッドのあるセミトレーラーとでは、別のクルマとして開発しています。

セミトレーラーは、大きく曲がる際には対向車線にはみ出すようにトラクターヘッドが操舵されます。その際、ガードレールに接近してハンドルが切られるため、単車（通常のトラック）と同じ設定では、衝突すると判断してブレーキがかかってしまうこともあります。そこで、ヨーレートセンサと操舵角センサを用いた自車進路推定（何処に向かって進むかを推定）機能を、トラクター特有のガードレールや道路構造物へ接近しやすい運転操作でも、不必要な衝突判断を行わない仕様に変更して不要なブレーキを掛けない制御にします。

また、牽引しているか、していないかでも、ブレーキの利かせ方を変えており、その判断は、連結の有無によって切り替えています」

さらに、鈴木は、単車といわれるトラックでも工夫がいると言う。

「積み荷によってブレーキの掛け方が違うと、我々は先輩たちから教わってきました。プロフェッショナルな運転者の方たちは、積み荷が木材なのか鋼板なのか、あるいはローリーなのかなどによって、ブレーキの掛け方が違うというのですね。一発で制動させるのか、二度に分けてブレーキを踏むのか。二度に分けるときも、最初と二度目とでどう強さを踏み分けるのか——ですから、プリクラッシュブレーキでの制動力の立ち上げ方などが、積み荷によってどうすべきかが違ってきて当然と言えます」

続けて、島も、

「衝突を回避するといった非常に短い時間内でのブレーキの掛け方がどうであればいいのか、そこを追求するのが非常に難しいのです」と言う。

自動運転への二つの挑戦

ところで、自動運転について、鈴木は、

「まさにいま、我々が悩んでいるところであり、いすゞはこうしますという的確な答えはまだありません。

自動運転への道筋は二つ考えられます。

一つは、いすゞ中央研究所を中心に進めている、自動運転レベル2とレベル3を実現するための研究開発です。そこを必死に取り組んでいます。

もう一つは、トラックについては運転支援装置として素直に進化していくという考え方です。こちらは、ここまで紹介してきたように、乗用車の部品を活用しながらさらに進化させます。すでにこれまでに、商用車としての使われ方の知見を積み上げてきていますし、事故分析を詳細に解析していくと、いずれ現在のミリ波レーダーと単眼カメラという装備だけでは足りなくなってくることが分かります。したがって、追加のセンサを加えていくことを検討しています。

運転支援の意味については、プロフェッショナルな運転者の方たちでも、運転支援があることでより楽に運転できるようになっていきますし、また、誰もが大型トラックを運転できるようになれば、運転者不足といった運輸業界の問題解決への足掛かりにもなるでしょう。

運転支援装置の進化と、いすゞ中央研究所でやっている自動運転へ向けた研究開発とが、やがて合体していくのではないか、そんな道筋が見えてくる気がします」と分析する。

量産につながる開発を担う島としては、

「現在のセンサでは、自動運転に通用しないところがあります。ミリ波レーダーは物を見ているのではなく、物体を電波の反射で認識しているだけです。また単眼カメラも、物が何で

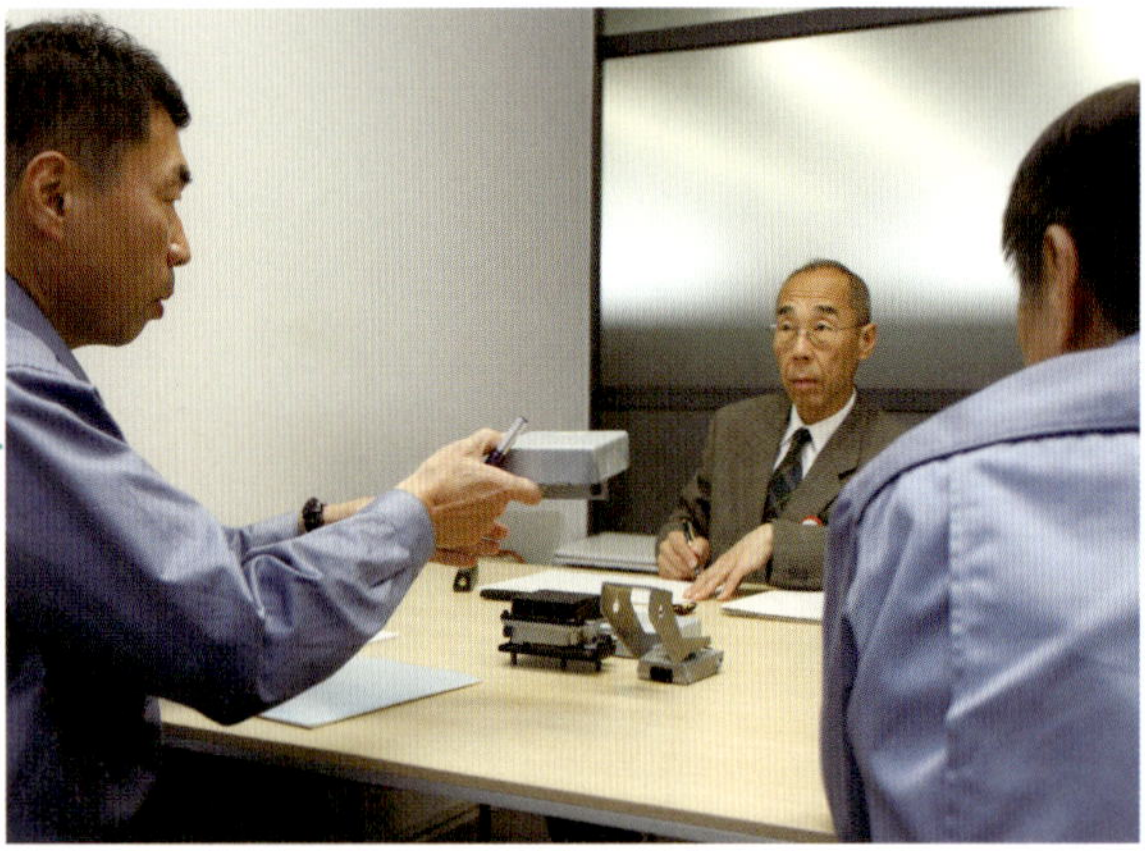

あるかを捉えているのではなく、結果的に推定しているだけです。両方のデータを使って制御しますが、カメラの水準をもっと高めていかなければなりません。

しかも、自動運転となると、外からの影響に対する備えも必要になってきますから、到達するのはかなり困難です。トラック専用車線のなかでというようなことであれば可能かもしれませんが、いつでもどこでも自動でという話になると難しい。

また、運転者がもし意識を失ったらといった緊急事態を想定すると、なかなか難しくなってきます。我々は量産車への設計という立場ですので、研究や実験の水準に比べ、商品化への壁は高いと考えています。商品として市場へ出す場合には、自動運転にかかわることはすべて車両の責任になってきますので、いすゞのバッジを付けて販売できるのかと考えたとき、次元の違いを正直感じます」と、現実を語る。

鈴木も、同じように、

「たとえば自動車専用道路で隊列走行をするといったところからであれば、自動運転の入り口としては実現可能かもしれません。そうなると、ほかのメーカーや国との協力といったこともかかわってくるでしょう。

島が言うような、運転者がもし意識を失ったらといった面については、そうした信頼性を、自動車メーカーとしてどう判断するかもあります。たとえば、99％保証できればいいのか、いや99・99％でなければダメだというのか。そして想定外の出来事を必ず考慮しておかなければなりません。そのときの答えを、メーカーとして用意できるかどうか。大型トラックの場合は、万一の事故での社会的な影響が大きくなるので、どこまで保証できたら市場に出せるのかという点は、すごく悩ましいと思います。

しかし、だからやらないということではありません。市場や社会の要請として自動運転への期待はあると認識していますし、とくにトラック運転手の不足という課題は深刻に受け止めています」

安全だけでなく物流の効率化へ

安全だけでなく、物流の根幹となるトラック輸送を持続するための自動車メーカーとしての対処にも目を向けておく必要はある。

島は、

「大型トラックで自動運転の話になると、トラック運転手不足を背景として、無人での輸送を期待されることになるので、それを商品として実現する技術という視点で考えると、なかなか難しいなという感じです」と、技術と向き合う技術者としての心境を吐露する。

そうした日本の状況を鈴木は、

「ここまでトラック運転手の不足が深刻化しているのは日本特有のことではないでしょうか。ヨーロッパで自動運転というと、やはり燃費の改善や疲労の軽減が目的になっています。燃費について、たとえばアメリカでは、単独で走行すると燃費によくないため、行く方向が同じトラックを組み合わせ、隊列にして燃費を稼ぐサービス業があると聞きます。それくらい、欧米ではトラック輸送での燃費に注目が集まっています」

自動運転はともかくも、当面の運転支援装置の行く末はどう見ているのだろうか。鈴木は、

「まだ、事故ゼロに至っていないわけですから、まず運転支援システムによる安全性の追求を、大型トラックから小型トラックに至るまで広げていくことがあります。また日本だけでなく海外へも広げていくことも視野に入ります。

事故の形態も、追突だけでなく、右左折の巻き込みや、対向車との衝突、また夜間の事故もトラックは多いので、安全をもっと高い次元へという取り組みがあります。

加えて、日本初のインターネットを活用したクラウド型システム〝MIMAMORI〟の商用車用情報サービスを使った安全運転への支援や、事故情報の提供など、運行管理の効率化だけでなくテレマティクス連携を活かし、これまで蓄積されたデータを活用しながら安全に取り組んでいくこともしていかなければならないでしょう」と、安全の広がりが、近い将来への取り組むべきことと答える。

島も、

「いまの状況は、ようやく安全装備が装着されることが当たり前になってきたところです。国土交通省からは、大型トラックによる追突事故の影響度を考え、そこを抑制する意味合いで取り組んで欲しいと言われているくらいです。当面は、事故を起こさず回避できる性能へ、より高めていくことが求められます。

運送業の方にとっては、事故を防ぐための急ブレーキで荷崩れを起こせば高額の損害に直結します。ですから、極力緊急ブレーキをかけなくて済むような、事前の警報をいかに運転者の方にわずらわしくなく役立てていただけるかを基本とした、安全運転につながる装置となっていくことが重要なのではないかとも考えています」

単に事故回避だけではなく、物流の担い手として全方位な視線での安全に向けた道筋を考えているというのである。

消費財としての乗用車とは違った、生産財としてトラックが担う、顧客や社会への責任という広い視点での運転支援や自動運転を通じた安全の向上に、商用車専門メーカーとして愚直に取り組むいすゞの姿が見えてくる。

Chapter 2 Ninja H2/H2R スーパーチャージドエンジン
KAWASAKI H2/H2R Supercharged Engine

レース規則は過去の技術に基づいている。だからレースに合わせた設計はしない

川崎重工業株式会社

排気量 998cc の並列4気筒エンジンにスーパーチャージャを備え、
最高出力は 310PS、価格は税別530万円である。
なぜこのようなモンスターマシンをカワサキは作ったのだろうか。
二輪メーカー各社との競争のなかで出した結論は、
「テクノロジーの頂点を極める」だった。
割り切ったことの一つが「レースには出ない」だった。

公道最強のバイクから世界最強のバイクへ

日本自動車工業会が２０１６年に発表した、'15年度二輪車市場動向調査によれば、大型バイクを含むオンロードタイプ（スクーターとビジネスバイクを除く）の新規購入理由は、趣味として楽しみたいが68％と最も多い。購入を決めた際に重視した点は、スタイル・デザインが同じく68％で、これに、排気量が続く。また、軽量な車体が８％、メーカーのブランドが６％とあり、重視する項目のなかで増加傾向にある。さらに、一度バイクから離れていて再び購入した人では、趣味として楽しみたくなったと、操る楽しさがあるという項目が、ともに約60％の回答となっている。ほかに、35％が、五感を研ぎ澄ます楽しさがあると答えた。

オンロードタイプの大型バイクは、これら回答に対する象徴的な存在といえるだろう。

そして、国内外メーカーともに、超高性能バイクを相次いで市場投入してくる状況がある。そこに一石を投じたのが、川崎重工業のＮｉｎｊａ Ｈ２Ｒ／Ｈ２だ。Ｈ２Ｒは、排気量９９８ccの並列４気筒エンジンにスーパーチャージャを備え、最高出力は３１０ＰＳに達する。価格は５３０万円（消費税別）である。

この超高性能バイク誕生の経緯を、モーターサイクル＆エンジンカンパニー 技術本部の市聡顕は次のように話す。

「まず、カワサキが取り扱うモーターサイクルを大別すると、次の３種類に分けることができます。一つは、エンジン排気量１リッター以上のレジャーモーターサイクルで、日米欧の市場を中心に、週末を楽しみ、気分をリフレッシュしてもらうためのモーターサイクルです。二つめは、生活の足として必需品となるモーターサイクルです。三つめは、先進国の市場にとっては入門であり、新興国市場では憧れの対象となるようなモーターサイクルで、様々な環境で使われています。

そうした事業展開をするなか、二輪メーカー各社との競争に打ち勝つうえで、従来の進化版とした改良による開発では新規性が乏しくなっているというのが、過去十年ほどの情勢です。

そこで、国内外含め他社からも次々に登場してくるフラッグシップとしての高性能モーターサイクルに対し、カワサキに憧れを抱いていただけるような強いメッセージを示すことのできるモーターサイクルの提案が求められてきました。

従来の延長線上とは一線を画した、大きく飛躍できるモーターサイクルとは何か、十年ほど前から考え始めました」

そこから得た結論は、「テクノロジーの頂点を極める」ことであったという。これまでカワサキは、『公道最強のバイク』を目指してきたが、公道と限定しない『世界最強』を目指したのである。

レースには出ない 二人乗りはしない。そして

「そのために、割り切ったことが三つありました」と、市は決意を明らかにする。

「まず、レースを目的としない、レースには出ないということ。そして、二人乗りしない。三つめは、公道ではなく、閉鎖されたコースを安心して、安全に、存分に楽しめることに的を絞りました。つまり、H2Rを念頭に開発するということです。そのうえで、H2は、H2Rの精神を受け継ぎ、設計思想はそのままに、公道で走れるよう微調整しています」

割り切ったこと三つ、それについて少し理由を補足すると、レースに出ることを前提としない高性能バイクとは、どのような価値を求めるものなのだろうか。

「レース出場のための車両規則は、過去の技術に基づいて定められています。それに合致する高性能とは、すでに過去の価値観に基づくといえるでしょう。しかし、未来を描き出すモーターサイクルであるなら、過去の技術を超えた発想や技術力が問われます。そしてそれが本物であるなら、レース規則は後からついてくるのではないでしょうか」

市は、毅然と答えた。

実際、既存のレースは自然吸気エンジン規定の基に実施されている。したがって、今回のような過給エンジンは想定されていないのが現状だ。

H2Rの構想を考え始めた十年ほど前から、従来の延長線上とは一線を画した、大きく飛躍できるモーターサ

イクルとは何かを考えてきたと、市は先に語っている。大きく飛躍するために、あえてレースに出ることを前提としないというその決断は、的を射ていると同時に、果敢でもあったといえるだろう。

もう一つ、二人乗りを割り切る点はどうだろう。エンジン排気量125cc以上のバイクは、平成17年4月1日から、条件付きで高速道路での二人乗りが認められるようになっている。そして、日本自動車工業会の調査にある、オンロードバイク購入理由の筆頭に、趣味として楽しみたいとあるならば、親しい人と二人乗りで遠出をすることも一つの楽しみ方であるはずだ。

「そもそもH2Rでは、公道を考えないとしたように、パッセンジャーのことを気にすることなく、心ゆくまでトップパフォーマンスを楽しんでいただきたいため、あえて二人乗りは割り切ったのです」という。

実際、H2Rを中東のサーキットで、腕に覚えのある二輪のジャーナリストたちに試乗してもらうと、〈アンビリーバブル（信じがたい）〉、〈アメイジング（驚き

市 聡顕 Satoaki ICHI
川崎重工業株式会社
モーターサイクル＆エンジンカンパニー
技術本部　第一設計部 第一課　基幹職

田中 一雄 Kazuo TANAKA
川崎重工業株式会社
技術開発本部 技術研究所
熱システム研究部 研究三課　課長

だ)〉、〈インクレディブル(途方もない)〉といった第一声が、異口同音に聞かれたという。さらに、「とんでもないパワーがあるのに、非常に乗りやすい」「これまでのバイクの定義を変える、異次元の乗り物、違うものだ」との印象が、相次いで述べられたそうである。

動力性能と燃費性能、そして操縦性 200kgの中での勝負

それでは、従来の延長線上とは一線を画し、大きく飛躍できるモーターサイクルで、かつ世界最強のモーターサイクル像は、どのように構想されていったのか。

「いまから十年前というと、四輪の自動車では、ハイブリッド車がいよいよ普及段階に入り始めようとしていました。エコとか、燃費という言葉が日常的に語られる時代となって、動力性能と環境性能を両立することのできるモーターサイクル用パワーユニットはどのようなものであるか、世の中にある技術を一つひとつ検証してみました。

モーターを組み合わせたハイブリッド、直噴、可変動弁機構、スーパーチャージャなどです。

それらのうち、ハイブリッドは、加速性能は高められますが、実は燃費性能が得られないのです。そう言われると驚かれるかもしれませんが、車両重量が200kgほどのモーターサイクルでは、軽すぎて十分な回生エネルギーの回収ができません。また、必要なバッテリーの重量が、200kgほどのモーターサイクルには重くなりすぎるのです。

直噴は、筒内に直接燃料を噴射するための高圧燃料噴射装置が必要になり、そのような高圧ポンプを搭載することは、モーターサイクルには難しいことです。

可変動弁機構は、燃費性能は上げられますが、動力性能をこれまで以上に高めることができません。

結果、スーパーチャージャが最適な選択肢となったのです。一つの装置で動力性能も燃費も上げられます。モーターサイクルのエンジンは、高回転域で使う仕様となっているため、一般的に低回転域での燃費があまりよくありません。過給することで、毎分2000回転あたりの燃費を向上させながら、毎分1万回転付近のパフォー

マンスも同時に高められます。

モーターサイクルはいかに軽く作るか、200kgの中での勝負です。四輪自動車の1/7~1/10しか質量がないなかで、いかに動力性能と燃費性能、そして操縦性を満たすことができるかを考えるとき、スーパーチャージャは、これだ!という感じでした」

と、市は論理的な筋道から開発目標の経緯を語った。

川崎重工業のスーパーチャージャマシン

スーパーチャージャという選択肢については、技術開発本部 技術研究所 熱システム研究部の田中一雄が経緯を語る。

「スーパーチャージャを使うという提案は、我々技術開発本部から出したものでした。技術開発本部はモーターサイクルに限らず、川崎重工業のあらゆる事業とかかわりを持っています。航空宇宙事業や、造船事業、鉄道車両事業、エネルギー関連事業など、様々あります。そうしたなかで、ガスタービンや増減速の技術などを、スーパーチャージャの自社開発に応用することができます。また、技術開発本部では、H2R/H2の開発以前からモーターサイクル開発にかかわってきた経緯もあり、次のモーターサイクルという議論を重ねていくなかで、提案できる素養がスーパーチャージャにはあると考えました」

提案を受け、市のモーターサイクル&エンジンカンパニーでは、スーパーチャージャを使ってどのようなモーターサイクルができるか、基本概念を構築していった。

「カワサキらしさを出すとは何か。それは究極のファン・トゥ・ライドと、イーズ・オブ・ライディングを追求することです。モーターサイクルに夢を持ち、人生を楽しんでもらうことです。週末、カワサキのモーターサイクルに乗ることで気分転換してもらい、週明けからまた一生懸命働いてもらう。こうして人生を豊かにしてもらうモーターサイクルこそがカワサキらしさである。そして、五感に訴える感動を提供することを、開発テーマとしました。

それを実現するため、テクノロジーの頂点を極めるモーターサイクルとして、これまでエンジン排気量1リッターでは200馬力が一般的だった出力を、1.5倍の300馬力にする。スーパーチャージャは、明石工場の技術を使って自前で開発・製造する。そして、300馬力をどのように安心して操れるかについては、高張力鋼の細径パイプフレームのトレリスフレームを新開発しています」

ターボチャージャではなく スーパーチャージャの理由

ここから、個別の技術開発の話になるが、吸気の過給については、今回のスーパーチャージャのほかにターボチャージャも世の中にはある。そして、排ガスの排熱エネルギーを利用したターボチャージャの方が採用例は多い。

なぜ、スーパーチャージャなのか。市は、次のようにスーパーチャージャ選択の理由を語った。

「空気の質量流量と過給圧から効率を示すコンプレッサマップを作ってみると、今回専用設計したスーパーチャージャは、効率の良い領域が圧倒的に広いのです。効率が良いということは、過給後の吸気温度の上昇も抑えられ、その結果、吸気を冷却するためのインタークーラを使わずにすみます。ここは、軽量コンパクトが何より優先されるモーターサイクルでは重要な点です。もちろん、そのためにモーターサイクル専用設計のスーパーチャージャとしています（図1）。

また、ターボチャージャは、効率のよくない領域にも排ガスの量によっては入ってしまうことに加え、エンジンの要求空気量と過給時期にズレが生じます。ターボラグというものですね。その点、クランク回転と相関関係のあるスーパーチャージャであれば、ライダーがスロットルをどう開けるかに応じて最適な

図1　過給機は、KHI グループのガスタービン、機械カンパニー、航空宇宙カンパニー、技術開発本部とモーターサイクル＆エンジンカンパニーが協力して開発した。そのため Ninja H2R のエンジン特性に一致するように開発することができた

出力特性を与えることができます。

もちろんそこでも、排気量1リッターで300馬力を出せる過給機にどうエンジンを合わせていくか、またエンジン特性にどう過給機を適合させていくかという相互開発は欠かせません。したがって、自社でスーパーチャージャを開発し、製造できることがとても重要になってくるのです。部品供給メーカーから購入したスーパーチャージャで、そこまで適合をするのはなかなか難しいのではないでしょうか」

モーターサイクル専用スーパーチャージャの開発において、田中は設計に妥協はなかったと話す。

「H2R／H2の開発をする前に、小型ガスタービン開発の経験があり、私自身、小型遠心圧縮機の知見がありました。ですから、どう調整していけばいいかという考えを導き出すことができました。それを、モーターサイクルの設計者に伝え、彼自身の技術としてこの開発に役立ててもらったので、モーターサイクル専用のスーパーチャージャに仕上げることができたのだと思っています」

選ばれたスーパーチャージャの方式は、遠心式である。ほかに容積式もあるが、モーターサイクルには向かないと市は言う。

「容積式は、寸法が大きく、重く、高回転で回せないため、モーターサイクルには向きません」

変動し、かつ毎分13万回転の世界へ

ところで、田中が話したようにガスタービンなどでの知見はあったとはいえ、定常運転が一般的な発電機や航空機のタービンに対し、モーターサイクル用では回転数が目まぐるしく上下する使い方になる。

「H2R／H2のスーパーチャージャのインペラは、最高、毎分13万回転で回ります（図2）。開発当初は、ねらった効率を十分に出せなかったり、また回転の上下で共振を起こしたりしました。そこで、インペラ周りの空気の流れを幾つかの回転数毎に解析し、ほとんどの領域で、吸気が渦を巻いたり気流の剥離が起きたりしない形状に調整していきました（図3）。

ターボチャージャのインペラはフリータービンになっ

ているので、排ガスの流量によっては回りたくない回転数が生じても、自ら逃げ代があります。ところが、スーパーチャージャはクランク軸とギヤで直結しているので逃げ場がなく、技術的なハードルが高くなります。このため、ほかではあまり採用されないという一面があるかもしれません。

設計と製造の精度をいかに高く保てるかが鍵を握っています。インペラの面が数十ミクロン（0・01㎜）ずれただけで、ライダーはそれに気づきます。そこが、発電機などのガスタービンと大きく違う点です。

そこで、アルミ鍛造製のインペラは、一枚一枚削り出しで精度を上げています。とはいえ、鍛造製品は内部に応力を持つため、切削加工をすると変形が起こります。したがって、たとえ切削加工のプログラムが完璧であっても、出来上がり精度で誤差が出てしまいます。対応策として、鍛造素材にも、その日のアルミの混ざり具合や気温の違いによって製品に癖が出るため、その上下幅のなかで5～6種類の加工プログラムを予め用意し、製造部に渡して、その日の状況に最適なプログラムを使って切削加工してもらうように頼みました」

なんとも手間のかかった製造である。

「鍛造は、一方向に金属組織が並ぶため、鍛造素材に対していろいろな方向のインペラを

図 2　スーパーチャージャは、クランクシャフト遊星歯車列によって駆動される。歯車列は、インペラの速度をクランク速度の 9.2 倍に増加させ、最大エンジン回転数の毎分 14,000 回転で、インペラシャフトがほぼ 13 万回転する。インペラシャフトはオイルフロート

図 3　インペラは、高精度と高耐久性を確保するために、鍛造アルミニウムブロックで形成。直径 69mm で、先端に 6 枚のブレードがあり、ベースに 12 枚のブレードがある。ブレードの流線に沿って切削加工を行なうこで、流線に沿った溝が空気の流れを誘導。ポンピング能力は 200L/ 秒（大気圧）で、吸入空気の到達速度は最大 100m/s。スーパーチャージャを通過した後、気圧は大気圧の 2.4 倍となる

削っていくことになるので、組織の向きとインペラの向きが一致しないところで変形が起こるのです」と、田中は補足する。

共振の対策としては、

「共振する周波数をエンジン回転が通っても、共振を起こさせないようにするため、軸受けの周りに油膜をもたせる油膜フィルムダンパを採用し、そこで減衰するフローティング構造としました。これにより、インペラと軸受けそれぞれの共振を回避しています」と田中。

「エンジンの最高回転数では、インペラの外側で音速を超える速さになります」と、市は猛烈な高速回転の様子を語る。

さらに、出来上がったインペラについては、破壊試験も行い安全性を確かめている。市は、

「航空機のジェットエンジンに鳥が飛び込んだというようなニュースがあるように、スーパーチャージャ内に異物が入って破損する危険性も考慮しなければなりません。エンジンルーム内に搭載される四輪自動車のエンジンと異なり、モーターサイクルのエンジンはむき出しですから、万に一つもライダーを怪我させるわけにはいきません。

設計段階で、そうした万一の事態を想定した設計は行っていますが、実際にインペラが真っ二つに割れたらどうなるかという破壊試験も実施しました。インペラは外観が山形をしていますので、これが割れると楔のようにケースに刺さるのです」

破壊試験に立ち会った田中は、その苦労を語る。

「壊してみると言っても、そもそも壊れないように設計しているわけですから、わざと壊すのも難しいのです（笑）。まず、インペラのみを壊してみて、次にケース内でも壊してみました。

インペラの裏にあらかじめ切り欠きを入れ、それを毎分13万回転で回し、そこからプラス何万回転で割れるかを確認しています。その際、ケースから飛び出してこないかどうかも調べます。とはいっても、インペラとケースの隙間は1㎜以下なので、両者が高回転で回っても接触しないようにしながら壊すのですから、簡単ではありません」

万一の際にもインペラがケースから飛び出さないような設計について、市は、

「過酷さがほかとは異なるうえ、モーターサイクル用ですから、大きく、重くなっては元も子もありません。軽く、しかも安全性を確保するため、必要なところにリブを立て、ほかは肉を抜くなど、入念な設計を施しました」と話す。

スーパーチャージャ前提の専用エンジン

次に、スーパーチャージャを装備するエンジンの設計についてである。

「エンジンは、ただ過給して多量の空気を入れればいいというほど単純ではありません。ノッキング対策など何か困った際には、弊社の神戸工場に、世界最高熱効率の49・5%というV型18気筒のディーゼルガスエンジンがありますので、そこに相談しに行きました。

燃焼室形状と冷却には神経を遣いました（図4）。ピストンは、削りで形状を管理しています。燃焼室に影響を及ぼす鍛造バルブの傘の裏も、加工仕上げとしています。そして、ロングリーチプラグを採用し、燃焼室の周りに冷却水路を設けられるようにしました。また、排気側の2本のポートの間にウォータジャケットを設けています。その排気ポートは、真っ直ぐ2本出しとすることで掃気もよくなり、残留ガスが減って新気が増えることでノッキング対策にもなっています。

それらによって、スーパーチャージャの効率が最もよ

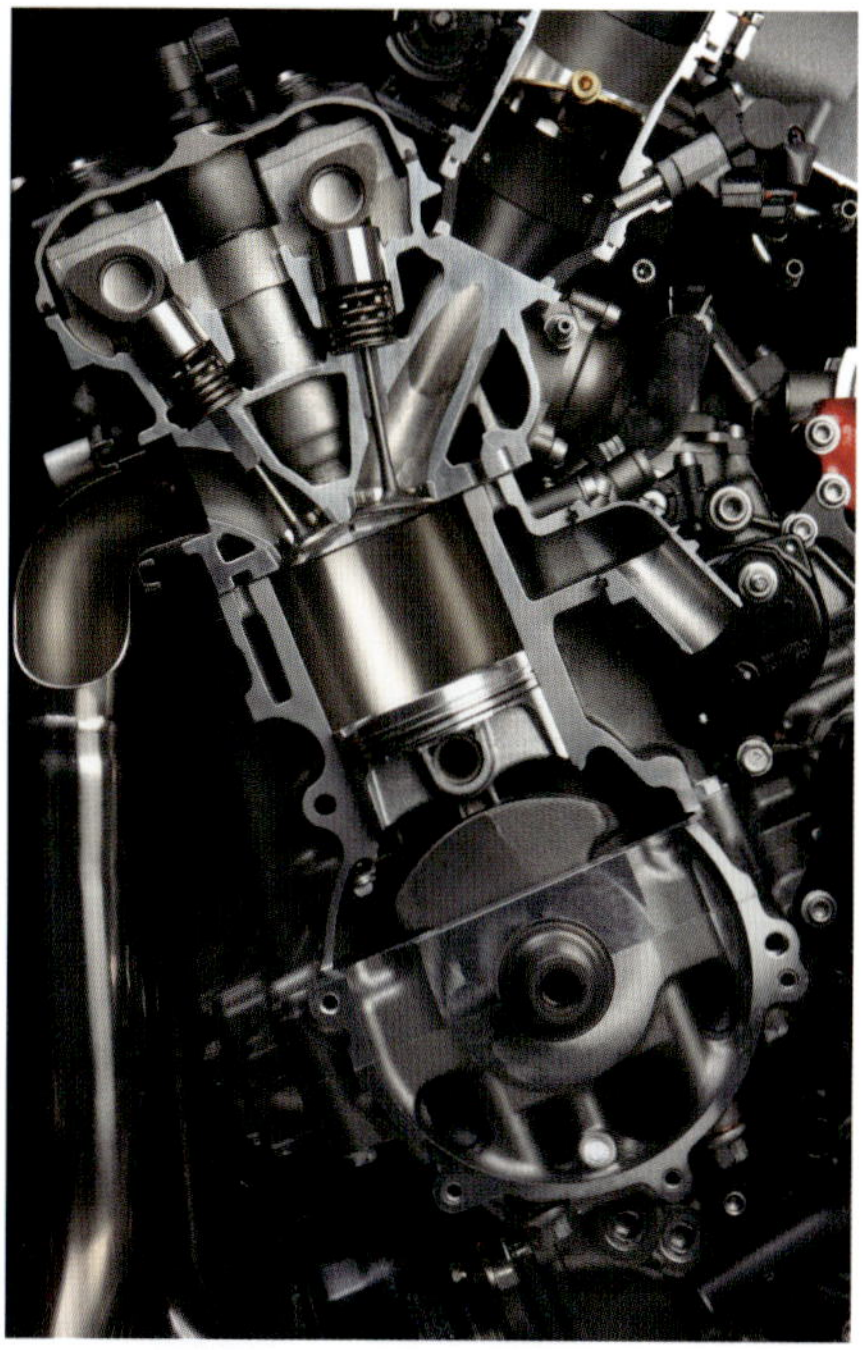

図4　燃焼室設計　燃焼室の設計は、スキッシュ領域を排除した。高出力の大型エンジンの場合、エンジンのノッキングを防止することがより重要な要素だったためと言う。平らなピストンクラウン設計もアンチノッキング性能を高めた。圧縮比は8.3：1

い領域を使えるエンジンに仕上がりました」と、市は説明する。

スーパーチャージャの取り付けについて、市は、「4気筒並列の各気筒に均一に吸気を供給することにより、ノッキングを抑えることにもつながります。そこで、並列エンジンの中央にスーパーチャージャを配置しました。そして、スーパーチャージャからエンジンの吸気ポートへ至るエアチャンバは、扇状の形にしています。これも、各気筒へ均等に吸気を導くためです。ただ、営業からは、この配置だとせっかくのスーパーチャージャが外から見えないと言われましたが（笑）。

さて、ここまではいいのですが、モーターサイクルの先端からスーパーチャージャへ、どのように吸気を導くかが問題でした。というのも、バイクの先端に生じるラムエア圧を利用したいので、吸気の取り入れ口はバイク先端となります。一方、スーパーチャージャはエンジンの後ろ側にあり、バイクの先端からどのような経路で空気を導くか。さらに導いた空気は、スーパーチャージャに至るところで90度向きを変えなければなりません。

人が頭で考えた経路と形状では、吸気量が不十分で、流路解析を何度も重ねました。エアダクトの通り道はもちろん、その断面形状や、膨らませ方、曲げ方など、実車でも試験しながら確認していったのです」と説明する。

そしてこの解析と確認の作業には、3Dプリンターが活躍したと田中は話す。

「エアダクトは、3〜7分割で一本の形となるため、20〜30種類は試作したでしょうか。また、外観の見栄えも重要です。一時は段ボール箱に山積みにしたダクトを試験したほどでした」

高張力鋼管のパイプフレーム
コーナー立ち上がりの振られは2回に

新エンジンを搭載するフレームも、社内の設計者が考案したものである。これは、細径の高張力鋼を使ったパイプフレームで（図5）、モーターサイクルでは常識となっているアルミを使った高剛性フレームとは概念を異にする。

「コーナーの立ち上がりでアクセルを開け、駆動力が伝えられた路面の反力によって起こる、プルプルという振動が2回で収まるのがいいとライダーは言います。プルッと1回だと反力が大きすぎて飛ばされてしまい、３回だと収まりが悪く加速が遅れるのだそうです。

そこで、スーパーバイクやモトGPのレース用フレームを作っている設計者が、そうしたライダーの声を聞いて設計したのが、このトリレスフレームです。ハンドルバーと同じ太さの22㎜径のパイプ構造で、エンジンマウントとヘッドパイプの間の剛性は非常に高く、ライダーが乗っている部分はしなやかにできています。しなやかといっても、エンジンの駆動力は、ほぼ直線的にタイヤに伝えられ、タイヤがエンジンを押しながら走る構造となっています。また、ヘッドパイプ周りの剛性は高いので、路面からのフィードバックを得ることができます」

図５ 専用設計のフレームは高張力鋼管を組み合わせたパイプワークとなっている。多くの大型モーターサイクルに採用されているアルミツインスパー（大断面を持つ２本のアルミパイプをヘッドパイプからスイングアームピボットにエンジンを囲むように直線的に伸ばす形式）ではなく、しなやかさと高剛性を各部ごとに使い分けている（写真・カワサキ）

これを試作し、実際に試験走行を行い、ライダーの声を聞きながら、補強材を入れたり、パイプ径を変えたり、パイプの肉厚を変えるなどしながら、剛性としなりの頃合いを見極めていったと市は話す。そして、

「レース用バイクのフレーム設計の経験だけでなく、設計者は自転車が趣味で、そのフレーム構造も参考にしたようです」と付け加えた。

さらに、３００馬力というエンジン性能を活かしたカウルデザインも行われた。

「３００馬力出るなら、それに見合った熱も発します。エンジンの熱効率が30%だとして、ラジエータの放熱で30%、排ガスで30%の熱が逃げていくと考えるなら、たとえばラジエータも２００馬力に対して１・５倍の容量が必要になる計算になります。しかし、そんな大きなラジエータを取り付けたモーターサイクルに乗りたいかといえば、そんなことはないわけで、いかに熱を逃がすかとの視点から、エンジン下にはカウルがないのです。

そのうえで、機能第一を実現するデザインでありながら、乗るだけでなく、置いているときに見ているだけでも嬉しくなる丁寧な仕上げを心がけました。カウルデザインのみならず、溶接ビードもワクワクするような作りにしました」

技術の先端にある崖を見たい

川崎重工業の独自性を活かし完成したH2R／H2は、その類稀なる動力性能の高さはもちろん、これまでのレース専用モデルであるZX‐10Rと比べても、出力やトルクの数値で上回るだけでなく、燃費も改善され、動力性能と環境性能との両立も結果的に実現することができた。

H2R／H2の開発で獲得した技術はこの先どう活かされていくのだろうか。

「スーパーチャージャを使った過給エンジンを、カワサキのキーテクノロジーとして活用し、たとえばエコバイクにまで幅広く展開していき、新しい価値を市場に提供していきたいと考えています」と、市は力強く語る。

この開発を通じて田中は、

「これほどこだわり、手の込んだ開発を何のためにやるのかと、開発の途中で上司に問われたことがありました。そこで、技術の先端にある崖を見せてくださいと、答えました。崖を見ることで、必ず良さが分かってくると頼み込んだのです。

市のいるモーターサイクル&エンジンカンパニーは情熱的な部署で、ワクワクするモーターサイクルづくりへの心意気は物凄いと思いました。川崎重工業の様々な部署（カンパニー）とも私の所属する技術開発本部は関係を持ちますが、どの部署も、社外から〈まじめ〉とのご評価を戴くことが多く、それが社風でもあります。そのまじめさが、モーターサイクル&エンジンカンパニーの心意気を生み出しているのでしょう」

この先、スーパーチャージャで得た技術を活かしたどのようなバイクが消費者の手に届けられるのか。世界最強を追い求めた成果が、やがて世界のより多くの人々の手に届く日がくるのだろう。

Chapter 3 スズキ グリーンテクノロジー
SUZUKI GREEN Technology

妥協のない性能を小型車で

スズキ株式会社

スズキは軽自動車と小型車で、日本だけではなくインドなど海外でもシェアを伸ばしている。

しかし、小型車は原価に厳しい分野でもある。

スズキは原価に挑戦し、小さな車でも最新の安全と安心、効率の向上を求めている。

それがスズキグリーンテクノロジーとして次々に発表され、市販車に反映されてきた。

最新のテクノロジーを小型車で確立し、普及させていく。

それがスズキの使命だという自負の下に。

次世代の燃費、動力性能向上のスズキの取り組み

スズキは2012年8月、低燃費化の技術について発表会を催した。公表された技術は、翌9月に発表される新型軽自動車のワゴンRに採用されるのだが、あえて事前に技術のみの発表記者会見を行ったことに、時代を見据えた新しい技術へのスズキの挑戦意義と、その成果に対する強い思いが込められていたといえる。

低燃費化技術として発表されたのは、『ENE・CHARGE（エネチャージ）』と、『ECO・COOL（エコクール）』である。エネチャージは、減速時エネルギー回生機構を指し、エコクールは蓄冷材を通した冷風を室内に送る空調設備である。

さらに、スズキは'14年4月に再び技術発表会を催した。この四輪技術説明会で、電動化へ向けた取り組みの道筋（ロードマップ）と、それにかかわる次世代軽量プラットフォーム、パワートレイン、ハイブリッドシステムの技術展開を明らかにしたのである。

そして、エネチャージを発展させたS・エネチャージなどを含む10の技術を、「スズキグリーンテクノロジー」とし、軽自動車から小型車まで、燃費と動力性能の大幅な改善を行うことになる。

スズキグリーンテクノロジーの10の技術とは、次のとおりである。

⊙エネチャージ
⊙新アイドリングストップシステム
⊙エコクール
⊙S・エネチャージ
⊙マイルドハイブリッド
⊙ハイブリッド
⊙デュアルジェットエンジン
⊙ブースタージェットエンジン
⊙新軽量衝撃吸収ボディTECT
⊙新プラットフォームHEARTECT（'17年1月のスイフトからこの名称がつけられた）

多方面での新技術投入と新車への展開

立て続けの新技術投入と、新車への採用という展開について、四輪商品第一部の名古屋義直は、次のように語る。

「これまでもスズキでは環境に配慮したクルマづくりをしてきましたが、さらに便利で楽しいクルマを実現するために、商品開発に活かしていく次世代環境技術を分かりやすく表現した「スズキグリーンテクノロジー」を制定し、環境、低燃費化、軽量化などの新技術を順次搭載してきました。

軽自動車にハイブリッドシステムを採用することは、システム搭載性や価格面で課題があり、スズキとして何ができるかを考えた末にエネチャージが生まれたのです。減速エネルギー回生のエネチャージを採り入れる際、'11年に発売したアルトエコで先に採用しているアイドリングストップ機構をさらに強化する、新アイドリングストップシステムも採用しています。これは、停車する前の時速13㎞からエンジンを停止する機構で、アイドリングストップ時間をより長くすることによって燃費性能をさらに向上させることができます。また、アイドリングストップ時間が長くなることによってエアコンディショナ

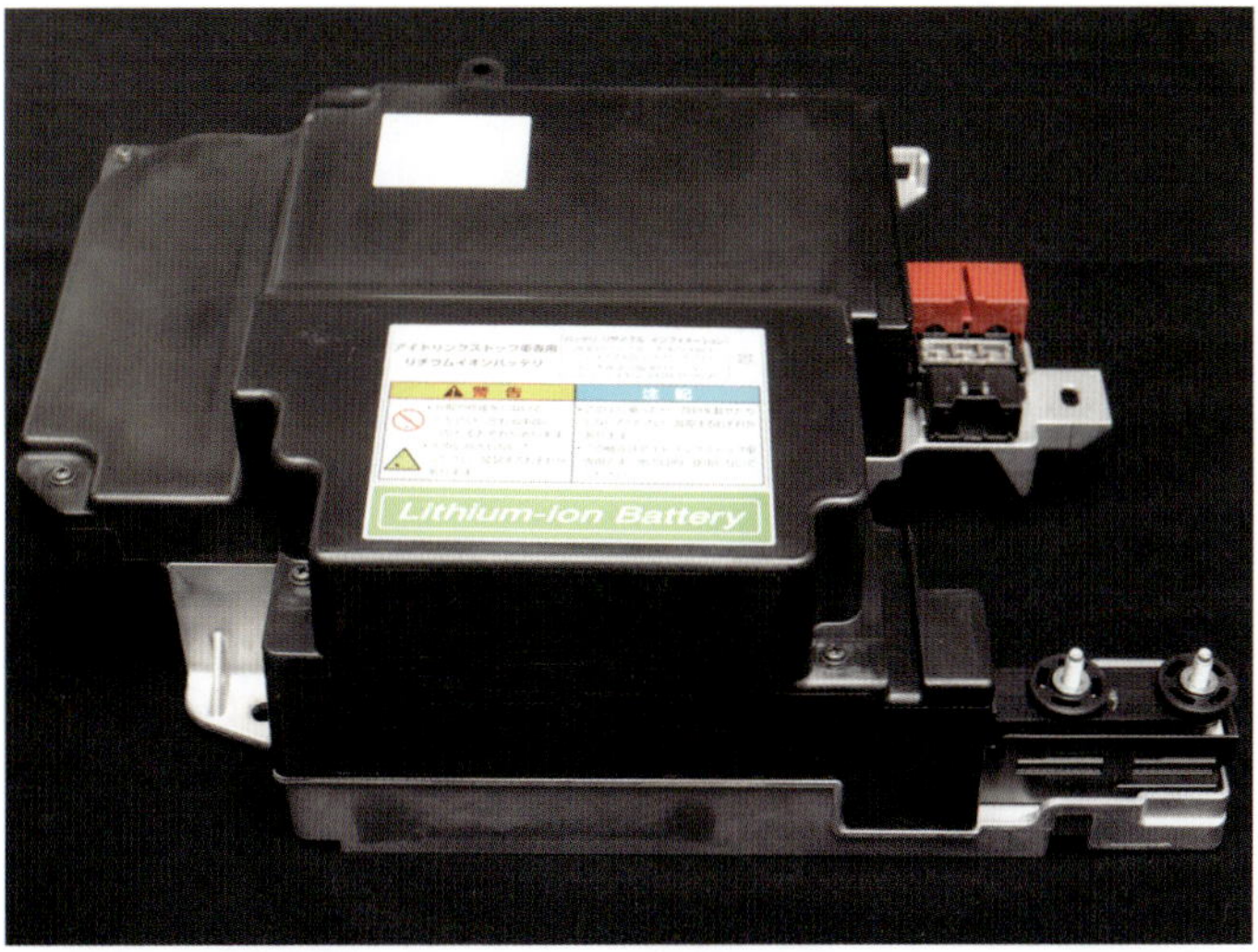

図1　厳しい原価計算の下、エネチャージで採用の英断が下されたリチウムイオンバッテリ。単価の高さをバッテリの管理を突き詰めることで、車両寿命に匹敵する耐久性を持たせた（写真は後述のマイルドハイブリッド用のもので、バッテリの容量はエネチャージ用の3Ahから10Ahに拡大されている）

も停止することになるため、室内の快適性を維持しながらなおエンジンの停止を続けられるエコクールを合わせて開発しました」

エコクールについては後で紹介するとして、まずは、減速エネルギー回生をより効果的に行うため新採用した、リチウムイオンバッテリについて、電動車開発部の田中勇希に語ってもらう。

「エネチャージにおいてリチウムイオンバッテリを導入したことによって、その充電効率の高さから、減速時の短い時間にも多くのエネルギーを回収できるようになりました（図1）。また、モーターアシストを行うS‐エネチャージへ発展させることができました。一方で、リチウムイオンバッテリは、鉛酸式バッテリに比べバッテリの状態確認をより厳密に行わなければなりません。そこで、走行中の充放電の様子をモニターして管理する必要があります。そのために、充放電性能の良いリチウムイオンバッテリと容量をたくさん蓄えられる鉛酸式バッテリの切り替えを行えるようにし、両バッテリのメリットを最大限生かせるようにしました。軽自動車という限られたサイズの中で、居住性、利便性を犠牲にしないように助手席下に配置するなど、搭載場所も工夫しています」

リチウムイオンバッテリの利点は大きいが、補機用バッテリとして常用されている鉛酸式バッテリに比べ高価であることで知られている。経済性を重んじる軽自動車に採用することは、原価の面で英断といえる。その決断の背景について、名古屋は、

「鉛酸式バッテリは寿命が数年ですが、リチウムイオンバッテリは単価こそ高価ですけれども、寿命が長く、車両寿命の間は交換せずに済みます。また、軽自動車という量販車種に幅広く採用し、数多く使うことによって、大量生産による原価低減を目指し、バッテリメーカーにもご協力いただきました」と説明する。

安心と快適性にこだわったアイドリングストップ

次に、新アイドリングストップで課題となったのは、停止するつもりでいたが、たとえば信号が赤から青に減速途中で変わったといった場合、停止する前に運転者が

再びアクセルペダルを踏むときのエンジン再始動性である。

「我々は、その状況をチェンジ・オブ・マインドと言っていますが、エンジン再始動の際にもたつきがないよう、

図 2 ISG はモーター機能付発電機で、減速エネルギー回生による発電を行い、エンジン負荷が高まった走行の場面でモーターアシストする。静粛性の向上にも役立った

自然に加速へ移れるようにこだわり、時間をかけて適合していきました。

また、エンジン再始動において、セルモーターでは、歯車の噛み合いとモーター回転でキュルキュルという

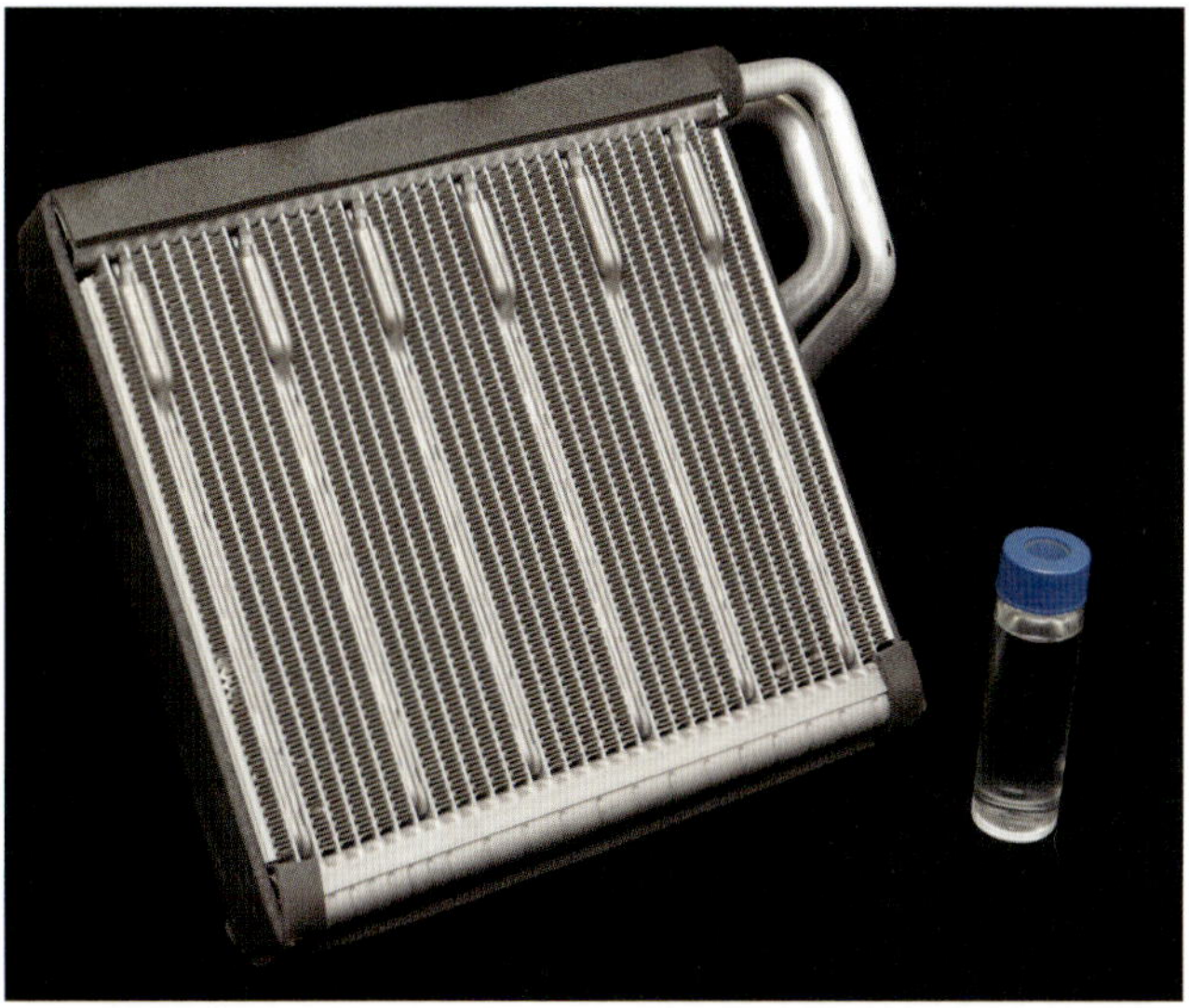

図 3 空調の熱交換器（エバポレータ）内に、蓄冷材（パラフィン）を採り入れ、アイドリングストップ中にも盛夏の中でも約 1 分室内の冷却を保つ

音が生じますが、S‐エネチャージで採用したISG（Integrated Starter Generator）にすると、ベルト駆動となるため静粛性が大幅に高まります」と名古屋は語る。

ISGとは、S‐エネチャージから採用しているモーター機能付発電機である（図2）。原理的に、モーターと発電機は同じ機構であり、エンジンからの動力で発電しているオルタネータを改良してISGとし、減速エネルギー回生による発電を行いながら、エンジン負荷が高まった走行の場面でモーターアシストを行う。また、エンジンを最初に始動するときにはセルモーターを使うが、再始動ではISGからのベルト駆動でエンジンを掛ける。これによって、セルモーターのキュルキュルという騒音がなくなる。ISGを採用するスズキの車両はアイドリングストップからの発進において静粛性が大きく改善されている。

そして、アイドリングストップ効果を活かすエコクールである（図3）。エコクールとは、空調の熱交換器（エバポレータ）内に、蓄冷材を採り入れることにより、アイドリングストップによってエンジンが停止し、空調用コンプレッサが停止しても冷気の送風時間を延長する機能である。一般的に、アイドリングストップを採用する車両では、エンジンが停止すると空調用のコンプレッサも停止し、それによって熱交換が行われなくなることから、冷房効果が薄れ、室内の快適性が損なわれるという理由で、車両がまだ停止中であってもエンジンを再始動する制御が組み込まれている。そのため、とくに盛夏では、アイドリングストップ時間が短くなり、省エネルギー効果が限られてしまうということが起きていた。エコクールの開発に当初からかかわった四輪内装設計部の近藤和定は、

「市販されている他社のハイブリッド車は、大容量の駆動用バッテリを搭載しているので、その電力を活用し、家庭用と同じ電動コンプレッサを採用することにより、エンジンが停止していても空調を働かせることができます。しかし、ハイブリッドシステムをそのまま軽自動車に採り入れるのは難しく、また、リチウムイオンバッテリを採用したとはいえ、エネチャージ用の12V電源では電動コンプレッサを稼働させることができません。小さな自動車への搭載性を満たし、また原価も適切な方法はないか考えていたとき、空調メーカーから蓄冷技術の

提案を受けました。考え方は、冷凍庫で冷やしておいてクーラーボックスなどで使う保冷材と同じです。

ただし、自動車の空調で利用するには零下まで温度を下げる必要はなく、5℃程度で凝固し、そこから放冷して再び液体に戻る蓄冷材を探して検討しました。3〜4種類の材料から選んだのはパラフィンです。パラフィンは、ベビーオイルの原料にも使われている一般的な材料です」

エコクールの効果は、盛夏でアイドリングストップをした1分を目標にしたという。1分という時間は、国内の信号待ちなどで多く停車する時間だ。実際、盛夏に試乗し試してみると、文字通り1分間、冷気を出しながらアイドリングストップを続けた。それに対し、エコクールを用いない当時の他社のアイドリングストップ車では、同じ季節に15秒ほどでエンジンが再始動し、空調を働かせなければならない例もあった。

エコクールの開発から実用化までは3年ほどの歳月を要したが、その点について近藤は、

「軽自動車に搭載できるような小型化を目指しながら、効き目をどれくらいの時間にするかなどに時間を要しました」と振り返る。

モーターアシストを備えたマイルドハイブリッド

エネチャージの採用からおよそ2年後の'14年に、モーターアシスト機能を備えたS-エネチャージがワゴンRに採用された。また、S-エネチャージの機構を応用し、小型車用のマイルドハイブリッドが'15年にソリオで採用される。アイドリングストップによって停車中の余分なガソリン消費を抑えるだけでなく、走行中にエンジン負荷の高まる加速時にモーターで駆動力を補えるようになり、燃費改善効果をもたらすのが、軽自動車用のS-エネチャージであり、小型車用のマイルドハイブリッドである。

マイルドハイブリッドの開発で、田中は、

「ISGをスズキの車両に適合できるように小型化するのが一つの課題でした。トルク向上のためステータ巻き線の占積率を向上させたモーターを採用したり、インバータとモーターを一体化させたりするなどして、小

田中 勇希 Yuki TANAKA
スズキ株式会社
電動車開発部
第四課

名古屋 義直 Yoshinao NAGOYA
スズキ株式会社
四輪商品第一部
アシスタントCE

飯野 隼人 Hayato IINO
スズキ株式会社
電動車開発部
第五課　係長

近藤 和定 Yorisada KONDO
スズキ株式会社
四輪内装設計部
空調設計課　係長

井上 裕章 Hiroaki INOUE
スズキ株式会社
四輪パワートレイン実験部
第五課長

操上 義崇 Yoshitaka KURIAGE
スズキ株式会社
四輪ボディー設計部
設計企画課

型化を実現しました。そして、'17年2月発売の新型ワゴンRマイルドハイブリッドでは、ISGをS-エネチャージより高出力の2.3kWとし、リチウムイオンバッテリの容量もS-エネチャージの3Ahから10Ahにすることで、モーターのみでのクリープ走行をできるようにしました。

また、減速エネルギー回生がS-エネチャージに比べ約30%増加できるようになりました。その結果、増加した回生エネルギーを加速のモーターアシストおよびモータークリープに使用することにより、燃費向上に貢献できました」と語る。

マイルドから次のハイブリッドへ

マイルドハイブリッドの次の段階として、'16年のソリオに搭載されるパラレル方式ハイブリッドシステムに至る。これは、5速マニュアルトランスミッションを基に自動変速を組み入れたＡＧＳ（オート・ギヤ・シフト）に、駆動用モーター（ＭＧＵ）と減速機を組み込み、１００Ｖの高電圧リチウムイオンバッテリを使って、モーター駆動を行う、スズキ独創のハイブリッドシステムである。

ＡＧＳは、'14年の四輪技術説明会で公開された変速機で、新５速マニュアルシフトトランスミッションに、電動油圧アクチュエータを搭載し、シングルクラッチを自動的にオン・オフすることで自動変速を行わせる機構である。スズキグリーンテクノロジーに組み入れられてはいないものの、スズキの環境技術の一つとして実現した。

背景にあったのは、マニュアルシフトが存続する欧州とインド市場向けを主体とした自動変速の導入であったが、国内でも商用車に次いで'14年のアルトでも一部車種に採用されている。欧州で普及したデュアルクラッチ式に比べ、シングルクラッチでの自動変速は、変速を行う際のトルクの抜けに違和感が生じやすいが、スズキのＡＧＳは快適に運転できる自動変速を実現していた。

「それでもまだ残っているトルクの谷間をモーター駆動で埋めていく発想が、このハイブリッドシステムに盛り込まれています」と、名古屋は説明する。

実際に開発に携わった電動車開発部の飯野隼人は、

「変速の違和感を無くしながら、マニュアルトランスミッションを基とするＡＧＳのダイレクト感のある走りを実現することができます。また、モーターのみによるＥＶ走行もできます」

と話す。とはいえ、苦労もあった。

「ＡＧＳのクラッチのオン・オフについて、それを素早く行うほど効率はいいのですが、早くすればトルクの抜けが生じ、ゆっくりさせれば変速が間延びします。クラッチのオン・オフとモーター駆動を協調させるところに難しさがありました。また、乗る人によってもよいと感じる感覚が違っていて、たとえば運転が好きな人には多少トルクの抜けが残っても素早い変速で小気味よく走ったほうがいいと思ってもらえますが、お子さんのいる家族には、やはり滑らかな走りでないと、体が変速ショックでゆすられてしまう不快さが生じます」

そうした開発の様子を見てきた名古屋は、

「限られた寸法に収まる小型の機器を使って滑らかな加速を実現するには、エンジン、トランスミッション、モーターがそれぞれ相互関係を持つなど、複雑な要素を組み合わせなければならないのですが、ベテランコーディネーターの下、期限ぎりぎりまで適合を頑張ってもらいました」と、振り返った。

またEV走行について、飯野は、

「小型モーターと、限られたバッテリ容量のなかで、時速60㎞までモーターだけで走れるようにこだわりました」と話す。

「とはいっても、モーターはずっと最高出力を出し続けると熱を持ち、出力を出せなくなっていきますから、通常は半分くらいの力で使い、ここぞという必要な時にドーンと力を出すような制御を採り入れ、リチウムイオンバッテリの寿命も考えながら、交換が必要とならないようにして、充放電する幅をいかに広げられるかを開発していきました。その結果、10年後も時速60㎞でモーター走行できるように管理しています」と、名古屋は補足する。

エンジンの効率を高めるデュアルジェットシステム

以上のような電動化技術を開発・発展させると同時に、スズキグリーンテクノロジーではガソリンエンジン自体の高効率化も進められた（図４）。

「エンジンも、まだまだ開発の余地があります」と話すのは、四輪パワートレイン実験部の井上裕章である。

排気量1.2リッターで直列4気筒のデュアルジェットエンジンは（図４）、吸気ポートでの燃料噴射を継承しながら、１気筒当たり二つの燃料噴射ノズルを持つ。これが、'13年のスイフトに搭載される。ちなみにこのとき、エネチャージが初めて小型車にも採用された。

「ポート噴射でどこまで性能を上げていけるかを検討した結果、デュアルジェットシステム（図5）により筒内への燃料直入率を従来以上に高め、噴射する燃料の微粒化を促し、燃焼効率を高めることができました。具体的には、噴射ノズルの設置位置をより燃焼室に近づけ、また二つ使うことで一つのノズルからの燃料噴射量を減らして直入率と微粒化を両立しています。そのほか、燃焼室形状の最適化などを含め、従来のエンジンに比べ圧縮比を1高めて、12としています」と井上は説明する。

ガソリンエンジンの圧縮比を高めて熱効率を上げ、出力と燃費の調和を図る開発は、近年の主流となっている。

「その後K12Bエンジンで採用したデュアルジェットシステムは、さらに圧縮比を0.5高め、カム駆動を直動式からローラロッカアームへ変更するなどによる摩擦損失の低減を図ったK12Cエンジンにも採用しています」と付け加える。

その後、'16年のバレーノで、1.0リッターの直列3気筒ガソリン直噴ターボのブースタージェットエンジンが登

図4　内燃機関の効率化も進められた。アイドリングストップ、変速機の改善とともに燃焼そのものにも手が入れられた

図5　ポート噴射で性能を上げるため、デュアルジェットシステムで筒内への燃料直入率を高め、噴射する燃料の微粒化を促した

場する。

軽量化と剛性を両立した新プラットフォーム

以上のようなパワーユニットの変遷を受けながら、それらの性能を最大限発揮するための新プラットフォーム（'17年1月のスイフトからHEARTECTの名称がつけられ、他の車種でも同様に呼ばれている）が生まれ、'14年の新型アルトから相次いで導入されていくことになる。新プラットフォームは、骨格部を前から後ろまで連続してつなげ、合理的かつシンプルな形状とし、少ない部材で車体剛性を確保することにより、軽量高剛性を実現する。それによって、アルトでは曲げ剛性とねじり剛性ともに、30％以上引き上げた。

担当した四輪ボディー設計部の操上義崇は、「新プラットフォームの設計における最大の要件は、軽量化でした。それを、お客様がお求めになりやすい価格で実現するのがスズキのやり方です。

競合他社がこの時期相次いで新しいプラットフォームを投入してくるなか、スズキの強みといえば、各部門間の結びつきが強く、車両全体でいいものを作る開発ができるところにあります。たとえば、リヤサスペンションのトレーリングアーム取り付け点は、サイドシルとリヤサイドメンバの結合点にアームを挟み込むような構造にすることで高い剛性が得られ、余分な補強部材がいらなくなります（図6）。あるいは、電気配線のハーネスを車体に止める穴をどこに開けるかといったことでも、フレーム骨格の稜線に影響を及ぼさない場所を選ぶようにしています。ほかに、シートフレームをプラットフォームの一部として開発することにより、シートフレームのボディへの取り付け剛性を大幅に向上させて、座り心地にも効果を上げています。そのように、各部の細かいところにスズキらしさが出ていると思っています」と解説する。名古屋は、

「そうした設計は生産性にも影響が及び、フロントサスペンションフレームをまっすぐ通すため、工場での生産工程のなかで排気管をどのようにして取り付けるかといった課題が生まれました。そこでは生産技術の協力を得て、配管を二分割にすることによりフロントサスペン

図 6　新プラットフォームで採用されたリヤサスペンションのトレーリングアーム取り付け部。サイドシルとリヤサイドメンバの結合点にアームを挟み込むような構造にすることで高い剛性が得られた

ションの上を通して取り付ける段取りにしてもらっています」と、生産技術や工場との取り組みについても補足する。

そのうえで、将来的な取り組みとして、

「樹脂などへの材料置換も考えています。すでにアルトのフロントフェンダで樹脂化を行っています。採用をどこまで広げられるか、生産性や塗装などの課題がありますが、今後はそうした金属以外の材料を活用していく必要があると思います」と名古屋は語る。

改めて、原価に厳しい軽自動車や小型車開発について、名古屋は、

「機種ごとの原価検討だけでなく、共通化することによる量産効果で原価を下げていく考え方が必要です。そして新しい技術も入れていきながら、部品メーカーと二人三脚で開発していく取り組みを今後も続けていきます。企業努力と数の両方で、原価に挑戦していきます」と話す。

スズキグリーンテクノロジーの将来像については、

「'14年の四輪技術説明会においてプラグインハイブリッド車や電気自動車に取り組んでいくことを掲げました。現在は、ハイブリッド車のスタート地点に立ったところといえます。その先に向けては、常にスズキらしい、小さなクルマで実現できる技術を確立していくことが重要で、そこがスズキの価値といえます。軽自動車と小型車でそれらを普及させていくのが、スズキの使命と心得ています」と、名古屋は締め括るのだった。

Chapter 4 EyeSight 予防安全から自動運転へ
SUBARU EyeSight

自動運転はゴールではない

株式会社 SUBARU

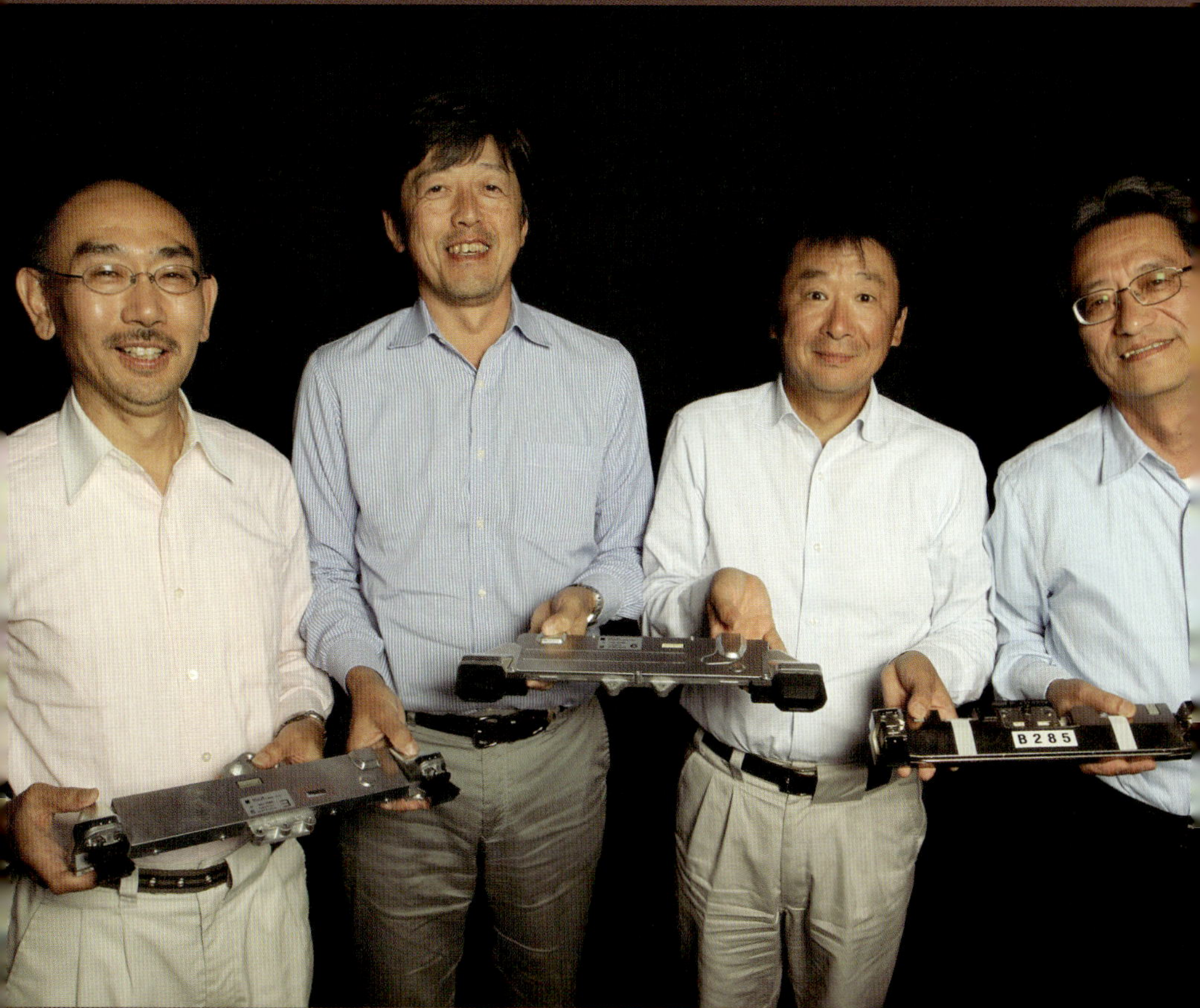

スバルが開発した運転支援システム「アイサイト」は、
その効果は人身事故発生件数で 61%、車両同士の追突事故で 84%減という。
ステレオカメラで前方を監視するシステムは、
いわば未開の地への挑戦だった。
「見る」ことにこだわったスバルの開発は、自動運転を視野に入れている。
いかにクルマの安全を高めるか。スバルはその先を見据えている。

人身事故発生件数61％減 車両同士の追突事故84％減

株式会社ＳＵＢＡＲＵの運転支援システム「アイサイト（ＥｙｅＳｉｇｈｔ）」は、２００８年5月に国内で発売して以来、８年7ヵ月を経た'16年11月に、世界累計販売台数で１００万台を記録した。アイサイトの効果は、公益財団法人交通事故総合分析センターのデータ（'10～'14年度に国内で販売したスバル車について）を基に、スバル独自に算出した結果、国内においてアイサイト搭載車が非搭載車に対し1万台当たりの人身事故発生件数で61％減、車両同士の追突事故に限ると84％減という実績に表れている（図1）。

国内でのスバル車購入時のアイサイト装着率は90％以上となっており、'16年11月に発売された新型インプレッサでは、歩行者保護エアバッグと合わせて、アイサイトは全車に標準装備となった。

こうした実績を、アイサイトの前身であるＡＤＡ（アクティブ・ドライビング・アシスト）の開発・実用化に携わった樋渡穣は、次のように語る。

「開発を始めた当時を振り返ると、現在の状況は感慨深いというのが正直なところです。１９８９年に基礎研究が始まり、それから10年後の'99年にＡＤＡが発売となります。10年前の自動車技術会60周年で取材していただいた当時、実は、ＡＤＡがもっとも売れていなかった時期でした。それは、仕様が凝っていて価格が高かったためです。また、なぜレガシィのランカスターに設定されているのか、そのあたりも必ずしも明快ではありませんでした」

国土交通省（当時：運輸省）が、先進安全自動車（ＡＳＶ）の第一期五ヵ年計画を開始したのは'91年のことである。その少し前から、スバルでは21世紀を迎えるに際し、乗り物が知能化していくだろうと、カメラを使った画像認識の研究を始めていた。左右二つのカメラを使ったステレオカメラを採用した理由は明快で、人間は情報収集の9割を目に頼っており、同じように自動車の予防安全にも、直接見ることに重点を置いたのであった。同時にまた、当時は、レーダーを使った技術もまだ現れていなかった。

樋渡は続けて言う、

「残念ながら、売れないということで、ＡＤＡの開発は止められました。そして、レーザレーダーをフロントバンパに内蔵したＳＩレーダークルーズコントロールで細々とつないでいました。ただ、それと併行して、新たなステレオカメラによる開発に取り組み始めたのが、今日のアイサイトにつながっています。

ＡＤＡは、車線逸脱警報、車間距離警報、車間距離制御クルーズコントロール、カーナビゲーションと連動し

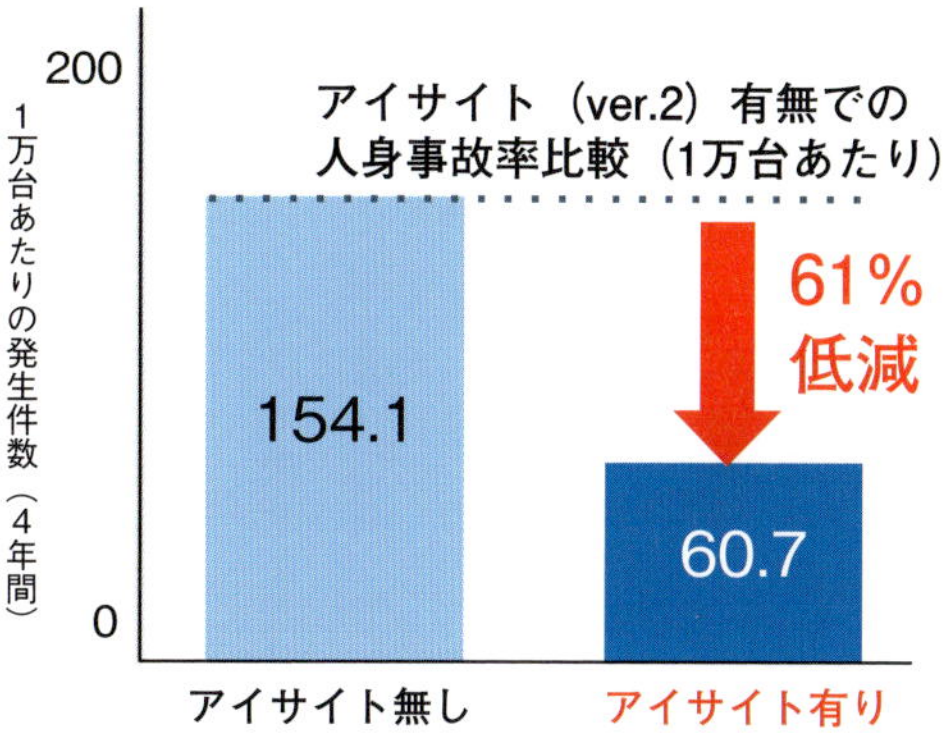

◆交通事故総合分析センター（ITARDA）のデータをもとに、平成22年～25年に販売されたアイサイト（ver.2）の装備が可能な車両のうち、平成23年～26年の4年間に発生した事故データから独自算出したもの。事故件数は2,234件。
◆アイサイト有無での1万台あたりの人身事故件数（4年間）を算出。対象台数は、アイサイト（ver.2）有が246,139台、無しが48,085台。

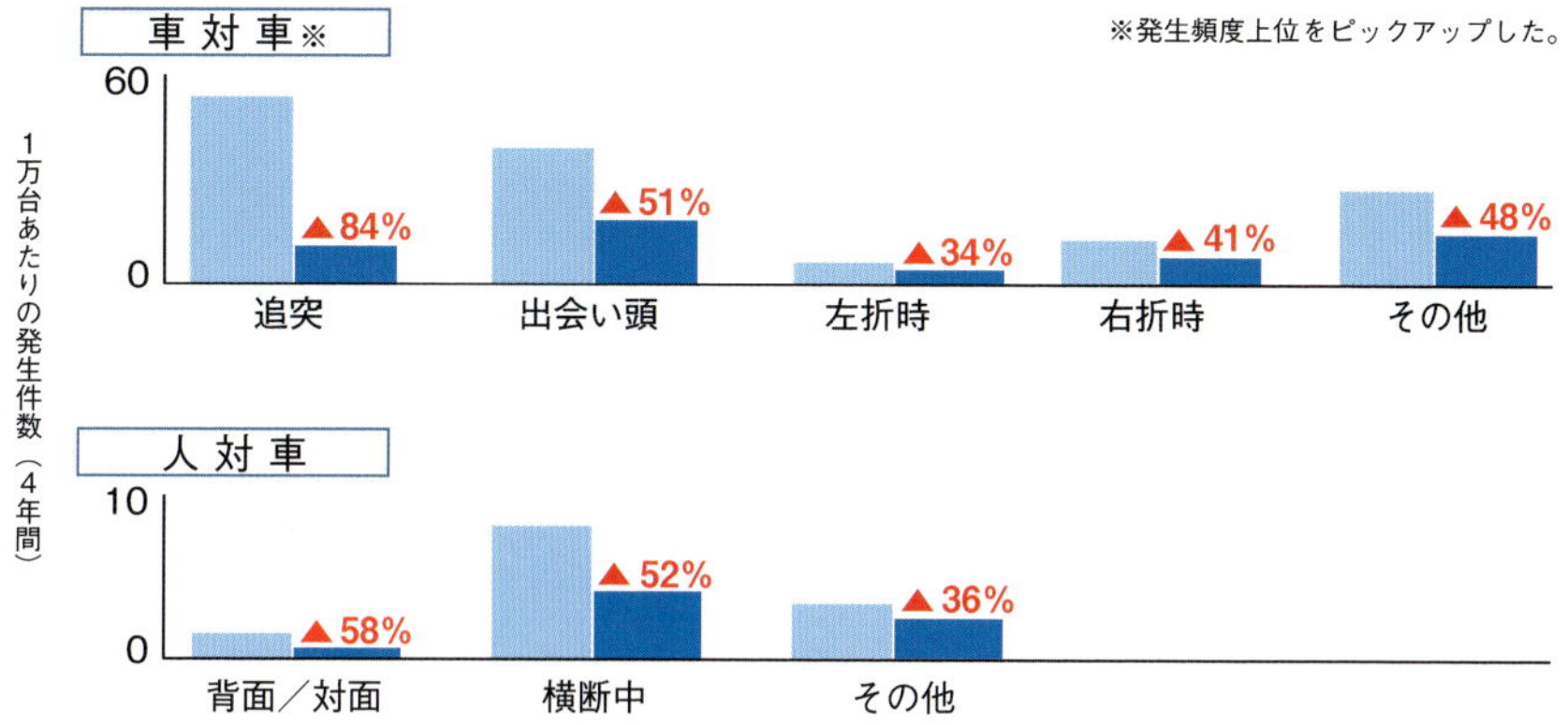

図1　交通事故総合分析センタのデータを基に計算されたアイサイト装着による事故低減データ

たカーブ警報、シフトダウン制御、さらにはその後の進化で、横滑り防止装置ＶＤＣ（ビークルダイナミクスコントロール）との協調や、吹雪や霧の中でも対向車が把握できるモニター機能などを加えた運転支援にまで発展し、とにかく凝りに凝っていました。技術屋は鼻高々だったけれども、まったく売れない状況です。

私のあとの人たちがコツコツと開発を続けてくれ、２００８年にアイサイトが生まれました。'10年5月のアイサイト（ｖｅｒ・２）では価格も10万円という設定で、想像を超える大ヒットになりました」

当時から、樋渡と共に開発に携わってきた柴田英司も、

「ＳＩレーダークルーズコントロールで月販１００台といった水準であったのが、今日ではアイサイトが世界累計１００万台の実績を積み上げたことは、感慨とともに、よくここまで成長できたなというのが実感です」

ＡＤＡから アイサイトへ

そう語る柴田が、ＡＤＡからアイサイトへ向けた再開の作業を進めたのであった。

「ステレオカメラを使うことを前提に、他社に勝ち、そしてコストをいかに下げるか。その答えは、部品点数を徹底的に減らすことでした。当初は、次世代ＡＤＡの方向でも検討しましたが、競合の仕様をあれもこれも採り入れていくと何十万円もの装備になってしまう。いったいそれを誰が買うのかと考えたとき、次世代ＡＤＡの方向はないと結論付けました。

そして、'03年のＡＤＡで追加装備したミリ波レーダーを無くし、車両制御コントローラ、近赤外線カメラ、地図データなども無しにして、ステレオカメラだけで何ができるか、どこで優位性を発揮できるのかを考え抜きました。

競合他社でミリ波レーダーを使う車両では、本当に衝突を回避したいところで止まり切れない場合がありました。そこで、カメラによって障害物を的確に認識し、衝突を回避すること、それから車間距離制御クルーズコントロールの機能に、目指すべき性能を絞り込んだのです。つまり、競合他社を見ながらも、物真似をするのをやめたということです。

関口 守 Mamoru SEKIGUCHI
株式会社SUBARU
第一技術本部
プロジェクトマネージャー

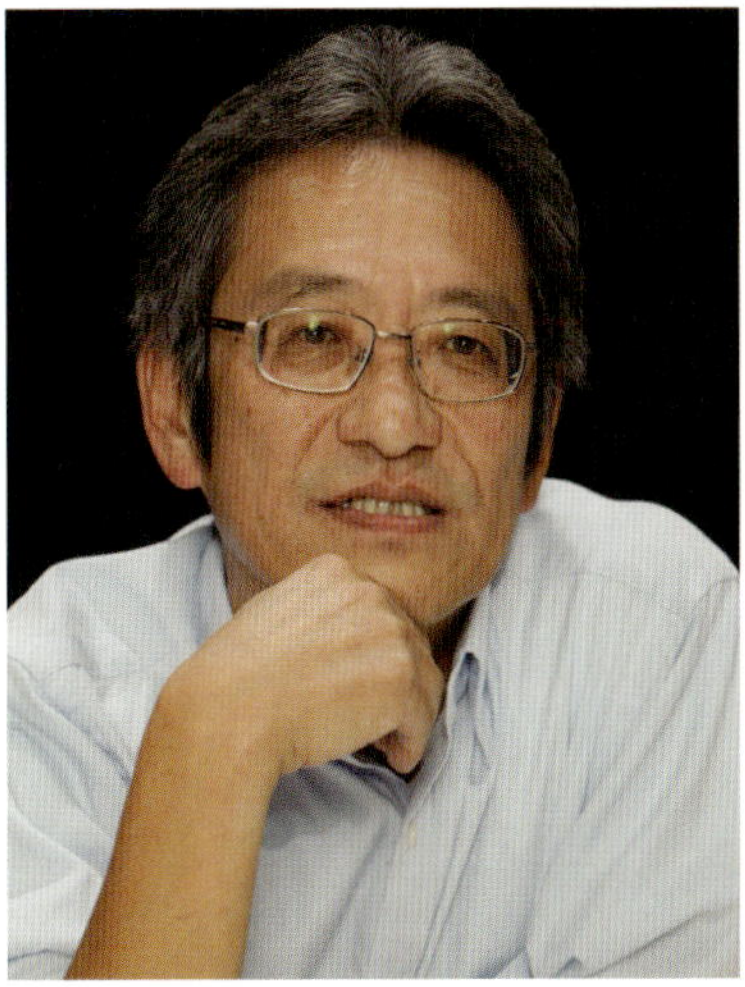

樋渡 穣 Yutaka HIWATASHI
株式会社SUBARU
第一技術本部
上級プロジェクトマネージャー

碓井 茂夫 Shigeo USUI
株式会社SUBARU
技術本部
先進安全設計第二課長

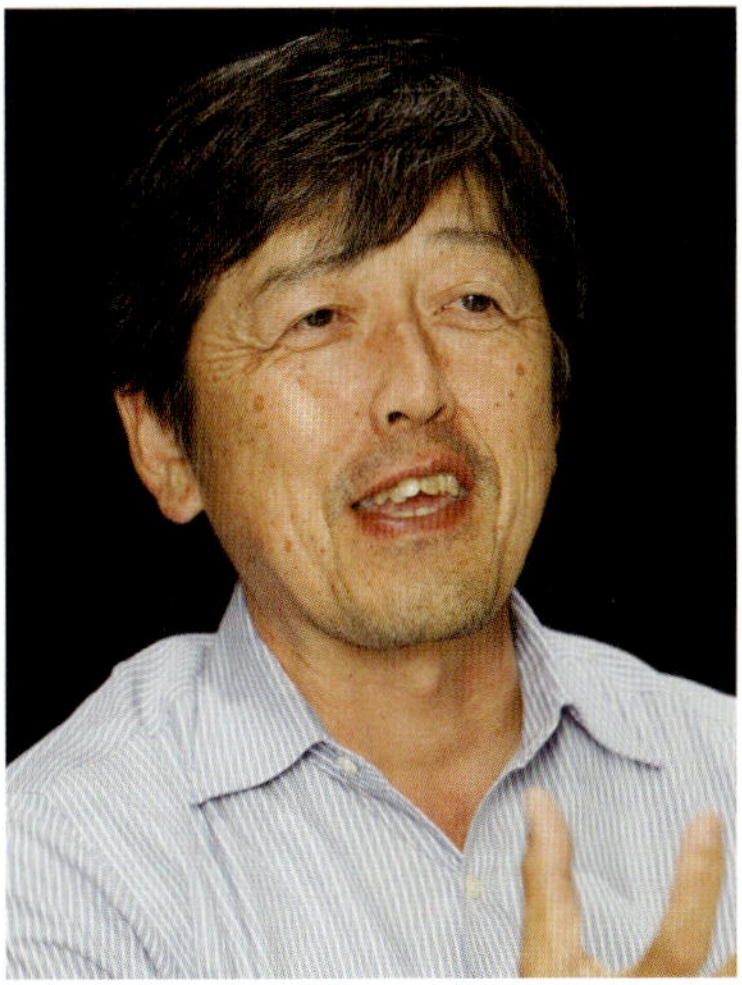

柴田 英司 Eiji SHIBATA
株式会社SUBARU
第一技術本部
プロジェクトマネージャー

それを実現するため、カメラを再設計しました」

見るという性能を高めるには、カメラがとらえた映像を画像処理する半導体がカギを握る。だが、それを開発するための予算が、実はなかった。

「ちょうどそのとき、経済産業省の関東経済産業局が管轄する平成18年度（'06年度）の地域新規産業創造技術開発補助金を利用する手立てを得ることができました。半導体の開発に膨大な労力を伴いましたが、ここにスバルの知見が詰まっています」

それが〝ぶつからないクルマ?〟の宣伝文句とともに大評判となるアイサイト（ｖｅｒ・２）につながっていく。

画像処理ができるようになれば、次は車両制御のプログラム開発に移る。衝突を回避するためには、クルマや路面のいかなる状況においても、ぶつからずに衝突を回避できなくてはならない。誰もがぶつからないことを期待する一方で、たとえば乗車人数が違えば車両重量が異なり、それによってブレーキの効き具合も変化する。ブレーキの使用頻度によっても効き方は変わる。路面も、アスファルト舗装といっても経年劣化の影響がある。埃や砂などが路面に浮いていたり、雨に濡れていたりする場合もある。それでも、ぶつからないことが求められる。

ステレオカメラの可能性

こうした多種多様な状況変化に対し、一つひとつの事象の結果を検証しながら仕上げていく作業が積み上げられていった。柴田は、

「実はステレオカメラがこれほど衝突回避に適したセンサであるとは、当初は想像できていませんでした。原価を下げるため、ステレオカメラのみに絞って開発を進めながらいろいろ直していくと、次々に可能性が発見されていったのです。アイサイト（ｖｅｒ・２）では、そうした可能性を確認しながら機能を作り上げていく過程でした。そして、その次のアイサイト（ｖｅｒ・３）となって、正常進化した成果に結びつけることができたと思っています」と振り返る（図２）。

ｖｅｒ・３に至り、一つの完成形に到達したということだ。

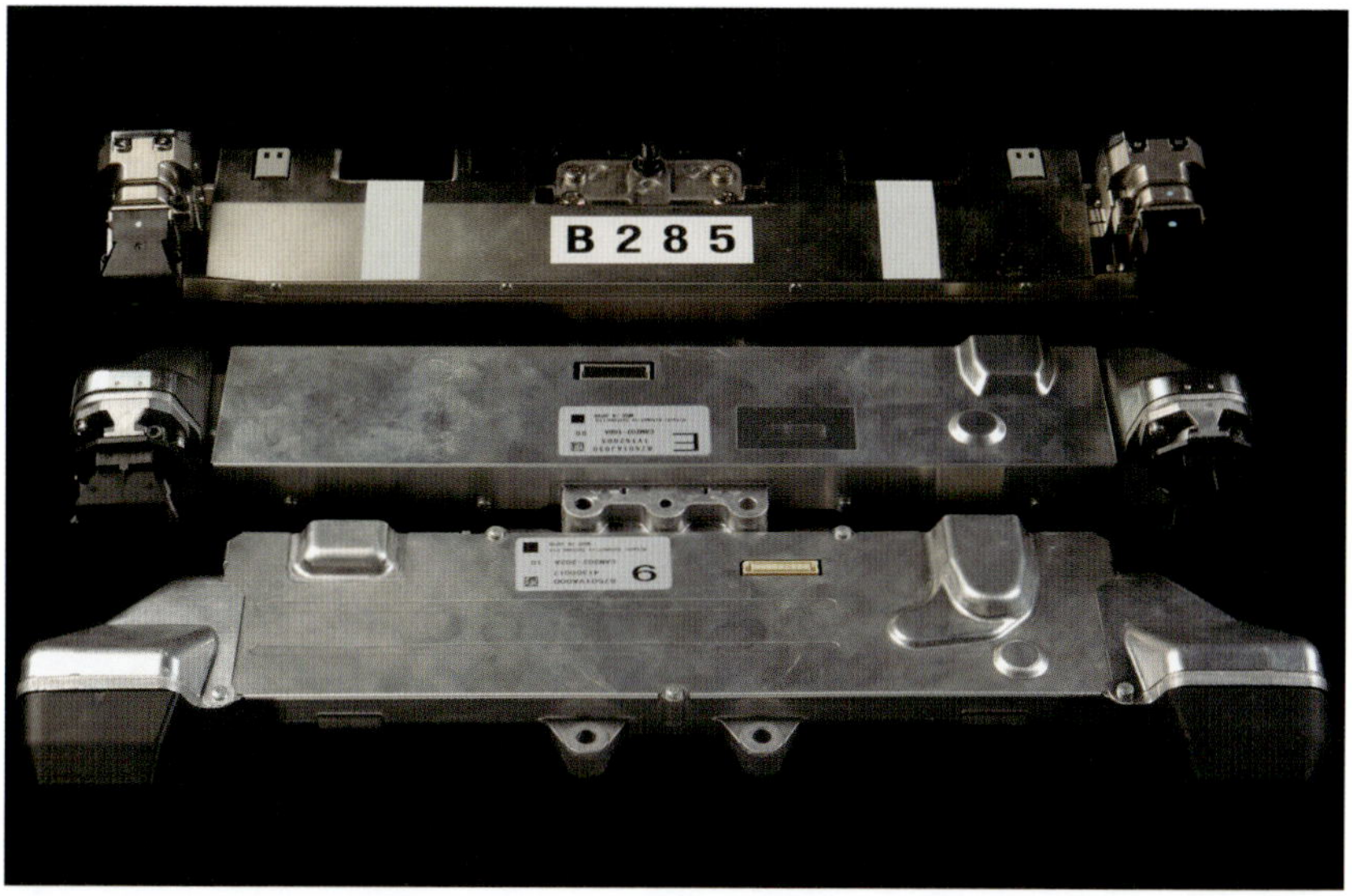

図2　３代にわたって進化を続けたアイサイト。後方より初期型、ver. 2、ver. 3のステレオカメラ

'14年6月に発売されたアイサイト（ver・3）では、ステレオカメラをカラー化し、それによって前を走るクルマのブレーキランプを認識できるようになった。またカメラが認識できる範囲を広げている。衝突回避速度も50㎞／hまで高められ、車線逸脱防止支援機能が追加された。もちろん、機器の小型化も行っている。

「アイサイトが目指す衝突回避をど真ん中に据え、そのうえで、車線逸脱防止システムや、自動緊急ブレーキに特化した、運転支援に的を絞って設計しました」と柴田は語る。

補足して、関口守は

「アイサイト（ver・2）は、一車線内での性能を上げていきましたが、交通事故の形態を調べていくと交差点で起きていることが多いと分かり、視野を広げる開発につながっていったのです」と言う。

そのきっかけを柴田は、

「そういった事故調査と分析は、自動車メーカーとしてスバルは早くからやってきています。アイサイト（ver・2）を'10年に国内で出したあと、'12年にはアメリカへも導入するのですが、アメリカ市場については'08年か

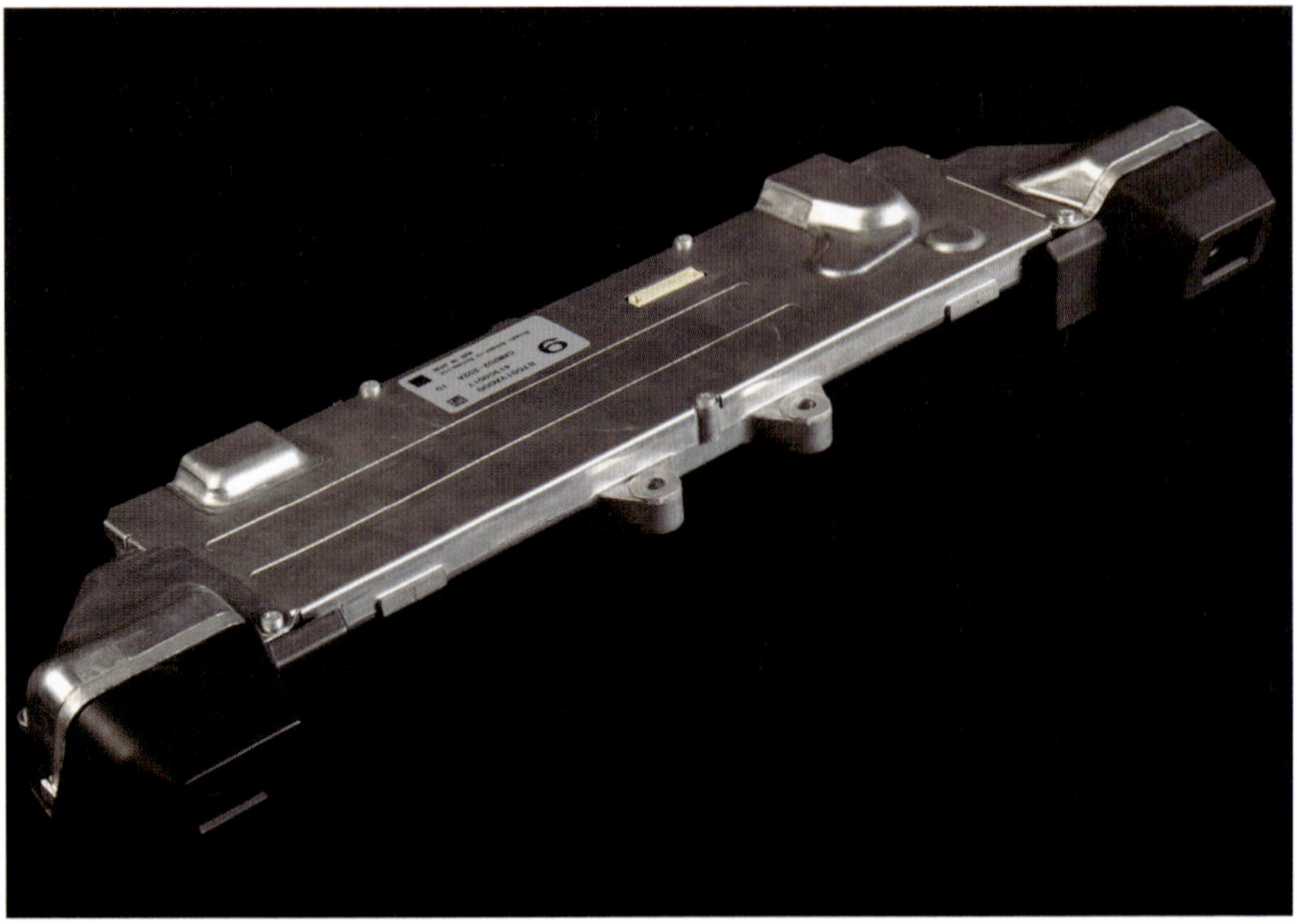

図3　ver.3ではカメラがカラー化され、前方のクルマのブレーキランプの認知も可能になった

ら、衝突回避への要請はあるのか、あるいは回避のさせ方について、行政や管轄官庁はどういう考え方をしているのかを調査することになります。これまでは国内向けとして、国土交通省などと相談しながら、お客様の過信を招かない取り組み方なども検証してきていましたが、海外ではどうなのだろうかということになったのです。

そこで、アメリカ運輸省のNHTSA（国家道路交通安全局）の人に、アイサイトを搭載したクルマに乗ってもらいました。そうしたら『凄いね！』と。考え方は国土交通省と同様でした。次にイギリスでも乗ってもらうと、イギリスも日本の国土交通省と同様の基準だそうで、『アイサイトはトップクラスだ』という話になりました。

これを知って、欧米でも衝突回避に対する調査が始まり、評価・査定基準はアイサイトを参考に作られていったようです。同時に、交差点での評価・査定が欧米で研究されているとのことから、アイサイト（ver・3）の構想を固めていくことにもつながり、こうしてアイサイトが世界対応になっていきました」（図3）

加えて関口は、

「ドイツの大手部品メーカーは、部品メーカーがやる技術を自動車メーカーがやったといって驚き、しかも世界最高水準の成熟度に驚かされたと、戸惑いを隠せない様子でした」と振り返る。

ドライバーの過信を防ぐ機能の共有

そのうえで、衝突回避を含め運転支援の普及拡大には、十分な対応が不可欠だと碓井茂夫は警鐘を語る。

「まず、〝ぶつからないクルマ？〟の宣伝が生まれ、アイサイトの技術だけでなく、広告や販売などの部署を含め、スバルの企業としての凄さが発揮された商品化だったと思います。そして国内でしっかりと販売に結びついたので、海外への展開もうまく進んだのではないでしょうか。

同時に、アイサイトの機能がどのような内容であるかということを、きちんとお客様と共有できたことが、'17年2月末までに国内で50万台以上の販売につながり、また、海外へ出ていっても着実に売っていくことができた背景にあると思います。そこが、アメリカのＮＨＴＳＡでも機能をしっかり主張できた理由だと思います。内容の説明が不十分だと、アメリカで起きたような運転者の過信による交通事故につながってしまうのではないかと」

テレビコマーシャルにも出演した柴田は、

「〝ぶつからないクルマ？〟のテレビコマーシャルで、一気にアイサイトとは何かということが説明できましたね。あの映像は、社内で役員や営業、マーケティングなどの人たちに、実際に乗って体験してもらったときのやりかたそのままに、広告宣伝担当部署がテレビコマーシャルにしようと考えたようです」と、話す。

関口は、

「ＡＤＡのころから、いろいろな広告宣伝をやってきましたが、十分に伝わらずにいたところを、実際にクルマで体験するというのを世の中に見せることによって一辺に伝わった。当時の森郁夫社長の一言で、あらゆる部署の人たちが時間を作って、実際に乗って体験したことにより、社内での認識も高まっていたからだと思います」

碓井も、

「お客様に対し、単純明快に、いいものだということを、リスクも含めた伝え方ができたのではないでしょうか」と、テレビコマーシャルでの映像の衝撃的効果を語るのである。

そして、柴田は、

「当時、会社の業績が思わしくない中で、社運を賭けたver・2開発のOKが出て、営業も拡販に乗り出しました。そういう後押しがありましたね。

それから、ステレオカメラだけで機能を実現するといった未開の原野へ飛び出していくようなことをやってしまったわけですが、それが全天候型で強みを出せたわけです。そこに他社が来なかった。

また我々はすべてを社内でやっていましたから、部品メーカー頼みで開発していたら試験結果をフィードバックしてまた改良してというような進め方になり、たちまち4～5年が経ってしまいます。しかし社内ですべてやったことで、改良に改良を重ねてどんどん前へ進んで行けたのです。

実は、衝突回避は最初のアイサイトでも実現可能でした。しかし国土交通省との交渉で、衝突させずに止めることが当初はできなかったのです。そのとき、ある海外自動車メーカーが海外でも同じ仕様で出して何ら問題ないと、衝突回避の壁を突破しました。それで、他社が出したのだから、うちも衝突を回避させよう。そしてver・2を出し、〝ぶつからないクルマ?〟という機能を明確に打ち出すことができたのです」と、開発の裏を語る。

アイサイトの優位性について樋渡は、

「レーダーでは、反射板とか自転車、クルマがどこから来るかも見えませんが、ステレオカメラなら見ることができるので、衝突回避性能が高いのです。実現するまでの道のりは長かったですが、研究を始めた当初から、見ることにこだわったことが今につながっています」と、原理原則を貫いた大切さを語るのである。

追われる立場となり再びメンバーが集まった

このような経緯をたどり、スバルのアイサイトは、世界中の自動車メーカーから追われる立場となった。

樋渡は、その状況を厳しく見つめている。

「ここでもう一度新しい世代へ飛躍するために、開発の当初からかかわってきた我々が再び集まったのです。年齢もみな50歳を超えて、管理職の立場となりました。そして、次の若い世代の人たちを育てながら、将来のスバルの柱となるものを考え、作っていこうとしているのです」

柴田も、

「30年近く、同じ技術に携わることができた継続性が、人を成長させるのにいい環境になっていました。この間に、若い人材も加わり、開発現場の中核に育ってきています。

ＡＤＡからアイサイトへ移っていくとき、ステレオカメラのみを頼りに何を追求するか。競合他社と比べるのではなく自分たちの特徴に的を絞る開発に概念を大きく変えていきましたから、この先を考えるときにも、いまのアイサイトの概念を一度壊さないといけないかもしれません」

ただし、樋渡は、

「ここにいるみんなは、30年も一緒にやってきているので、人を守りたい、便利な機能を作りたい、世界初をやりたいという思いは、変わらないでしょう」と、原点の思想は不変であると語る。

関口も、

「次の10年のために、必要なところは変えるということだと思います。そういう意味では、スクラップ&ビルドともいえるかもしれません。とはいえ少なくとも、前方を見てどう運転するのか、現実の交通社会の中で事故をどのように防止し、お客様の安全を守るかというところは変わっていかないと思います」と、断言する。

そして時代は、自動運転の実用化へ向けて動いている。スバルと、アイサイト開発者たちは、それをどう見ているのか、どう考えているのだろうか。

樋渡は、

「まず総論的な話になりますが、スバルは何のためにクルマ作りをしているのかと考えると、中島飛行機の時代から、人の安全とか命の大切さ、そして便利さを考えていて、自動運転の話が出てきたのも、アイサイトが評判になり人気を得たからだと考えています。そしてアイサイトは当初から、安全でぶつからないクルマであることと、利便性における定速走行・車間距離制御（ＡＣＣ：

アダプティブ・クルーズ・コントロール）の機能を作り込んでいます。そのACCを延長していけば自動運転も可能です。

そこで我々がどう進んで行くかですけれども、その二つの機能をまっとうに進化させていくだけなのです。ぶつからない領域をより拡大していくこと。また、利便性を高め、楽をしたいときにはクルマに任せながら、運転を楽しみたいときには気持ちのいい操縦性であるように両立させていく。そういうクルマ像を描いています。先々、IoT（インターネット・オブ・シングス：物のインターネット化）が使えるのであれば、アイサイトにうまく適合できるようにすればいいだけです。

そこは非常に明快で、柴田も同様でしょう。自分自身がユーザーとして使ったときに便利であるかどうか、そこを大事に、丁寧に開発していくだけです」と、即答した。

自動運転が目標ではなく本当の安全のために

柴田は、

「メーカーにしても、誰にしても、自動運転で何をするのかを具体的に示してはいません。スバルは、技術をまっすぐに開発していき、その行き先を見ています。

まず安全ということ。ここまで開発してきてもなお衝突回避でやるべきことは残っています。事故防止をすべてのお客様の手に届く価格でいかにすれば提供できるか。しかも機能に満足していただけるよう、一歩一歩着実に進めていきますし、それによって事故がどれだけ減るかを消費者に約束していけるようにしたいと考えています。

自動運転を実現するというお題目ではなく、アイサイトでも自動走行はすでにできているので、その先に安全をどう保障できるかだと考えます。単なる夢物語ではなく、お客様が支払った価格に対し、きちんと安全を提供できるような開発をしていきたい」と語り、自動運転という技術を実現するのではなく、本当の意味でクルマを利用するうえでの安全を保障していきたいと述べる。

さらに樋渡は、

「人間を超える機械はそう簡単に作れるものではありません。それと同時に、アイサイトは、自動運転に必要とされる、認知／判断／操作の手順は一緒です。認知の目となるカメラや画像処理を高度化し、判断の脳をAI化し、操作の手足も電動化で素早くなっていくとしても、アイサイトの骨子は変わりません。

そして、より事故を減らす技術開発を進めるというコミットメントを発表し、今年'17年には「アイサイト・ツーリングアシスト」を発売しました。また'20年に、自動運転機能を加えたさらに進化したアイサイトを出しますとスバルは言っています。世界に出すアイサイトとして、画像処理にサーバを採り入れてデータをすぐ検索できるような仕組みづくりをしているし、人材育成の段階にはいっています。

若い人たちも、我々のやることを見てきただろうし、苦労しながらも成功した姿を見て、発言や提案がどんどん出てくる溌剌とした開発チームになっています。そこが、嬉しいですね」

そうしたなか、'15年にアイサイトは、グッドデザインの金賞（経済産業大臣賞）を受賞した。主催者である公益財団法人日本デザイン振興会のコメントの一部を抜粋すると、『世界に先駆けて実用化された、独自開発の運転支援システムである。ステレオカメラの画像解析を行うＬＳＩを専用設計しており、現在はｖｅｒ・３まで進化を遂げている。衝突回避のみでなく、追従走行、車線維持など、来るべき自動運転のクルマ社会に必須となる先進的な機能を、いち早く実用化してきた貢献は非常に大きい』と、受賞理由が語られている。

樋渡は、

「グッドデザイン賞も、生活や世の中をよくする賞に変わってきているようで、アイサイトについては、命を守る、人生を愉しくするという概念と、これまでの事故低減の実績が評価されたようです」と言い、柴田も、

「見かけのデザインだけでは金賞の獲得は難しくなってきているのではないでしょうか。社会貢献や実績も必要だと言われています」と話す。

碓井は、

「アイサイトを出したときの受賞ではなく、また技術に対する賞でもないので、やはりこれまでの実績が評価されたのだと思います」と語るのである。

最新のアイサイト（ｖｅｒ・３）を運転していると、クルマも運転者と一緒に前を見ていることを体感することがある。車列の先でブレーキランプが灯ると、アクセルを戻したり、ブレーキを掛けたりまだしないうちに、減速するかもしれないという準備をクルマがしているような感触が伝わるのである。それは、運転者がアクセルからブレーキにペダルを踏みかえる心の準備をしているかのような気配である。

目の前のクルマとの車間距離が縮んだことで減速するのではなく、何台か前のクルマのブレーキランプの点灯を認識しているというその感覚が、アイサイトに対する安心と信頼をもたらす。

世界最高水準の技術だからこそ、愚直に進化の道を歩む。なおかつ、大胆なブレークスルーも目論む。安全と利便性、その明快な開発目標に突き進む技術者たちの姿は自信に満ち、また目は輝いている。

Chapter 5 ダイハツ イーステクノロジー
DAIHATSU e:S Technology

第三のエコカーはやり直しから始まった

ダイハツ工業株式会社

ハイブリッド車の普及が進み、背の高い軽がもてはやされるなか、
東京モーターショーに出展されたのがダイハツ・イース（e：S）である。
ハイブリッドでなくとも 30km/L を実現するとされた。
ショーでこのモデルを見た人は「安くなるんでしょう?」と反応した。
ここから市販化に向けてダイハツの開発は大きな舵を切る。
それはダイハツの新しいリーダーたちを育てる原動力ともなった。

30㎞／L以上のハイブリッドに大型化した軽は勝てるか

戦後の1949年（昭和24年）に軽自動車規格が生まれ、'50年代半ばから各自動車メーカーの本格参入が始まった。その後、エンジン排気量や車体寸法について幾度も改訂が行われ、今日の軽自動車規格は'98年に規定された。ここに至り、普通車と同じ安全基準の導入が行われ、車体の大型化がなされている。

その前年'97年に、世界初のハイブリッド車初代プリウスが、トヨタから発売された。プリウスの燃費は、小型車でありながら軽自動車の水準を上回り、ここから軽自動車本来の燃費や経済性に対する危機感が萌芽し始めた。しかし、'95年に従来にない背の高い軽自動車ムーヴがダイハツから誕生し、その後もさらに背の高い室内の広さを魅力としたタントが2003年に登場するなど、軽自動車人気は衰えずにいた。

だが、'09年にエコカー補助金の制度が施行されると、一気にハイブリッド車の普及が進み、燃費性能はガソリン1リッターあたり30㎞前後の攻防が始まるのである。

同年秋の、第41回東京モーターショーに出展されたのがダイハツ・イース（e：S）である。ハイブリッド車でも電気自動車でもない、軽自動車規格内の排気量660ccのガソリンエンジンを搭載した軽自動車のコンセプトカーの前に、多くの報道陣が集まった。理由は、ガソリンエンジンのみで1リッターあたり30㎞の燃費を、10・15モードで達成していたからであった。これが現実となるのであれば、ハイブリッドシステムの複雑さや当時のバッテリ原価の高さなどに比べ、軽自動車にうってつけの燃費性能の達成になるからであった。

また、イースは、軽自動車人気を支えた室内に広さを追求する軽自動車規格の枠一杯の車体寸法にこだわることなく、あえて車体全長を短くし、2ドア＋リヤハッチバックに割り切った車体で、仕上がりの質も高く、コンパクトカーとして優れたデザイン力を備えていたのも人の目を惹き付けた（図1）。

「もちろん、単にショーカーとして出展したのではなく、販売するため生産の準備も始まっていました」と振り返るのは、イースの開発責任者を務めた上田亨（現在は富士シート株式会社専務執行役員）である。

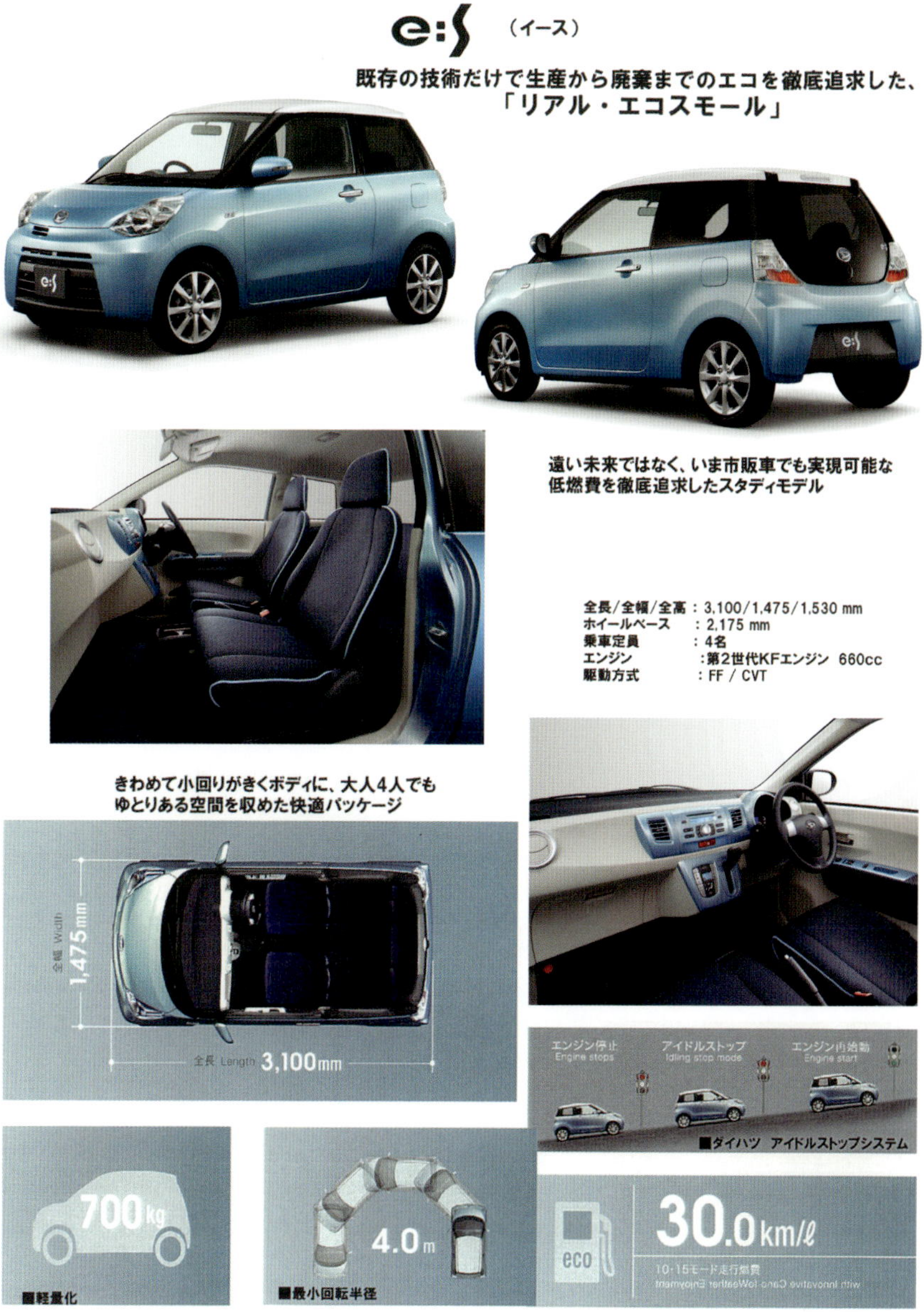

図1 2009年東京モーターショーで発表されたイースのコンセプトモデル資料。非常に野心的なコンセプトだったことが分かる。しかしモーターショーに来たダイハツファンの期待は少し違うところにあった

当時の情勢を、上田は次のように語る。
「世の中の環境意識が高まり、ハイブリッド車への感度が高まっているのをひしひしと感じ、危機感を覚えていました。たしかに軽自動車は、室内スペースの広さなど新たな価値観でお客様に受け入れられ、安全性能の向上など含め、値段が高くなっていたのは事実です。しかしながら軽自動車本来の姿は、軽くて、燃費が良くて、お値段が手ごろということであったはずです。消費者の方々も、そこを求める気持ちに変わりはないだろう。軽自動車が持つ意義を、改めてもう一度世の中に問いただす。これがダイハツの考えでした。それが、東京モーターショーのイースという答えです」

軽量化の割り切りはショーで受け入れられたのか

ショーカーのイースを改めて上田に解説してもらう。
「私に与えられた課題は、何より燃費の追求でした。では、その燃費をガソリンエンジンでどうやって達成するか。まず軽くするため、車体全長を短くし、3ドア（2ドア+リヤハッチバック）に割り切りました。そして車体外板に樹脂を多用することもしました。それらにより、車両重量は700kg、最小回転半径は4.0m。ガソリンエンジンには、アイドリングストップを採り入れています。

イースについて、東京モーターショーの会場でお客様の声を聞いてみますと、通常の軽規格より小さな車体なら、市販のミラより安いのでしょう？　という感想でした。車体全長は短くなっていますが、実は樹脂を多用するなどにより、価格は高くなる想定でした。ほかにも、後席へ乗る機会は少なくても荷物の出し入れなどで後ろのドアは欲しい、つまり5ドア（4ドア+リヤハッチバック）の要望が強いことも分かりました。

東京モーターショーの会場でのお客様の反応から、出展したイースのままでは、本当の意味で軽自動車の意義を問うことにはならず、また数が出なければイースの存在意義を世に問うことはできず、このままイースを生産へ持ち込むことはできないとの結論に至りました」

最大の課題は、価格だった。軽としてお客様に認めていただける販売価格でなければならないことが前提に

図2　開発の大転換を受けて市販されたイース。軽自動車の規格いっぱいの全長・全幅で5ドア、樹脂などの軽量材も使わず30km/Lを実現した（写真／ダイハツ工業）

なった。そして、生産の準備を進めていたにもかかわらず、市販へ向けて仕切り直しをすることになったのである。

市販を実現するための販売価格は、軽自動車の基本となる80万円を切ることを目標とした。燃費性能については、2011年から施行されるJC08モードに対応して1リッターあたり30㎞を目指す。これは、10・15モードより厳しい燃費測定モードとなるため、実質的にさらなる燃費向上を目指すことを意味した。全長・全幅は軽自動車規格いっぱいで、4ドアのハッチバック型にする。これが、'11年9月に発売されるミライースにつながる（図2）。

東京モーターショーに出展したイースのときには価格が二の次で、燃費性能の追求を第一としていた。しかも車体は全長を短くし、原価的に高価な樹脂を多用して達成した10・15モードでの1リッターあたり30㎞という燃費性能であった。一方、量産へ向けた目標では、価格を軽自動車として最安値水準とし、車体は軽自動車規格一杯の大きさに戻し、10・15モードに比べ少なくとも10％は悪化が見込まれるJC08モードで同等の燃費性能を、

高価な樹脂を使わず実現する。これは実現不可能と思えるほど背反する課題が山積した挑戦となった。
上田も、「これまでと同じ開発をしていたのでは実現不可能」と、頭を悩ませたと言う。

仕事の取り組み方を改革するバーチャルカンパニー

解決の糸口は、ものづくりのなかで探すのではなく、仕事の取り組み方そのものを改革することにあった。「意思決定権を持った小さな集団――バーチャルカンパニーを組織することについて、会社の了解を得ました」と上田は言う。

「これまでも、新車開発のため関係各担当が一個所に集まって仕事を進める大部屋の取り組みはしていましたが、各担当者の所属は従来通りそれぞれの部署のままでした。したがって、大部屋内で何か重要な決定事項が持ち上がると、担当者が部署に持ち帰って上司に聞いてみますとなります。部門間の壁は従来通り残されたままであり、結局、できませんという答えが返ってくる。それでは、イースのように相反する大胆な性能を達成し、しかも市販へ向け量産しようとする挑戦では、まったく前へ進めません。

そこで、各担当者が所属する部署を離れ、バーチャルカンパニーに移籍する。バーチャルカンパニーに異動させて、イースの開発に集中する判断を、社長がしてくださいました。仕事の取り組み方そのものを改革することで、機能の壁はあっても、部門の壁はなくなります。

とはいえ当初は、設計と生産技術にも戸惑いがあり、実行は難しいとの話になったこともありました。そこで、バーチャルカンパニーに異動した以上、この開発が結実するまで戻る部署はないと言い聞かせました。元の部署に戻れないとなれば、取り組む意識も変わり、会議での発言も積極性が出ます」

バーチャルカンパニーに集まったのは、それぞれの部署の主査級のリーダー的人材であった。設計、商品企画、製造技術などから、経験と決定権を持つ人々が集められての出発となったのである。そして、通常は4年弱の期間を見込む新車開発だが、'09年の東京モーターショー後からの動き出し、しかも組織変更を英断したうえで、発売の'11年9月まで2年を切った短期間での開発に人知が結集されたのであった。

燃費については、JC08モードでの1リッターあたり30㎞の性能目標が重い課題ではあった。それ以上に、東京モーターショーのイースでは二の次だった価格への挑戦は、まず何より避けて通れない問題だった。いくら性能を達成できたとしても、軽の存在意義を世に問うことはできない。

予算制という新しい原価企画

上田が取り組んだのは、予算制という新たな原価企画であった。

「従来の原価企画は、まず開発すべきことを積み上げ、集計し、出てきた原価をどこまで下げられるかというやりかたでした。つまり原価低減でしかない。

新しく採り入れた予算制度は、主要60部品について、項目ごとに予算を割り振る原価設定の仕方です。80万円で売り出すなら、そこから収益を引いた残りが総予算となります。その予算の中で開発・生産しなさいということです。

たとえば、ヘッドライトなど複数の部品が必要なものの場合、割り振られた予算では従来の原価からすると一つしか作れないとなってしまいます。設計者としては、自動車でありながらバイクのように1個しかヘッドライトがありませんというのは恥ずかしいことです。

ヘッドライトは、これまで、デザイナーが意匠を決め、それを活かすように部品設計を行っていました。しかし、予算制では、予算内でどうすれば最高のデザインが実現できるかという考え方になり、デザイナーと設計者が一緒に案を出し合いながら仕事を進めるようになりました。すると、ライトデザインの1本の線の引き方次第で、二つ必要だった型を一つで済ませることができるとか、抜き型がいらなくなるとか…そういうものづくりをするようになっていきます。さらに、従来であれば設計者が訪ねていく金型メーカーにデザイナーが見に行くようにもなって、意匠を考える際に物づくりを踏まえた発想をするようになりました。

ヘッドライトだけでなく、バンパーなどの外装部品も同様です。それぞれの部門が一緒に働いて予算内で開発することを、60部品すべてで行ったのです」

予算制は、燃費性能の達成でも活かされた。「これまでのミラに対し60kg軽い、730kgを車両重量の目標としました。

ただし、燃費向上策として追加装備するものもあるので、その分がプラス15kgになるため、最終的に60kgの軽量化を実現するには、増える分も差し引いた75kg分の軽量化が必要になります。そこで、車体骨格で-30kg、内装部品の軽量化で-20kg、アレンジ・パッケージングで-15kg、その他CVTやアルミホイールなどで-15kgの軽量化を目標にしました。

たとえば車体骨格では、予算制により原価の高い素材は使えませんから、材料の能力を使い切る新発想で、骨格の配置や形状、材料選びをし直しました。高張力鋼板の使用量を減らせば、原価にも効果があります。また構造の合理化では、たとえばダッシュボードのリーンフォースを減らす構造を考え、部品を九つ減らして-2kgの軽量化をするなど、そうした取り組みを車体すべてに行っています。

図 3　アイドリングストップは、停車する前の時速 7km からエンジンを止める制御を採用。電動オイルポンプ廃止による低コスト化も織り込んだＣＶＴ（無段変速機）の採用などで燃費性能の改善に貢献した

内装部品では、ダッシュボードをツートーンにしています。それでも、従来なら二つの型を使うところを、一つの型で別の色の樹脂を成形する方法を開発し、原価を下げています。そのほか、構造の簡素化や樹脂の薄肉化もしています。そうやって、予算内で原価を達成しながら、ツートーンのダッシュボードとすることによって見栄え・質感は逆に向上させました。

走行抵抗の低減では、空気抵抗にもこだわって、ミラに比べ3％向上させています。そのために、車体設計とデザイナー、そして実験担当が一緒に風洞に入り、クレイモデルをその場で削りながら抵抗を計測し、空気の流れを確認して、性能を折り込んだ機能デザインを作り込みました。

同じく走行抵抗では、転がり抵抗の小さなタイヤ選びをしています。しかし、ころがり抵抗低減と乗り心地や操縦安定性の両立を図るため全モデルで14インチ径のタイヤとしました。ミラやエッセでは、12～13インチ径のタイヤが主流でしたが、ミライースではインチアップしたことによって、操縦安定性に加え、乗り心地も向上させることができました。

アイドリングストップについては、エネルギーマネージメントとして、停車する前の時速7㎞からエンジンを止めてしまう制御を採り入れています。また、電動オイルポンプを廃止したＣＶＴ（無段変速機）の採用や、エンジン再始動時のカーナビゲーションのリセットを防止する補助電源一体型アイドリングストップコンピュータとＣＶＴ制御用コンピュータを統合するなど、専用部品を減らし、なおかつ小型軽量化もしています（図３）

永く乗り続けていただける第三のエコカー

割り振られ、決められた予算の中で最高のものを作り上げるという開発が、ミライース全体にわたって行われていった。さらに、「安いけれども、いいね」と顧客に実感してもらうため、デザインや見栄えにもこだわりがある。

「デザインで考えたのは大きくは三つです。先進感のあるデザイン。それでいてミラからお乗り換え戴くお客様もあるので、飛躍しすぎず、多くの人に受け入れられること。そして、永く乗り続けられる意匠にすることです。

先進感や未来感を覚えてもらうため、フロントグリルにはダイハツのＤマークではなく、葉っぱをデザインしたエコ的なマークにしました。また、テールランプの形も葉っぱをモチーフとしています。さらに、80万円を切る廉価な軽自動車とはいえ、軽自動車では初のＬＥＤテールランプを採用しています。

予算の中で高く見える意匠にしてほしいとデザイナーに依頼したことにより、たとえばメッキなど加飾で見栄えを上げるのではなく、形状や面にこだわった素の美しいデザインになり、それが飽きずに永く乗ってもらえる姿にもなったのではないでしょうか。

室内では、メーターについても、見やすさを意識しながらデジタル表示とし、色の変化でエコ運転を表す照明を採り入れています。従来と違う部品を使うことになると、比較すべきクルマがハイブリッド車などになりますから、そのなかで予算を考え、見せ方に気を遣いました。挑戦しながら予算を考えないと、商品性を下げてしまいかねません」

こうして発売されたミライースは、月に2万台を超える販売台数を記録することもあるなど評判を呼び、ハイブリッド車でも電気自動車でもない第三のエコカーと呼ばれるまでになった。なかには、中型セダンから乗り換えた顧客もあったという。

ミライースが発売されたあと、開発のために組織されたバーチャルカンパニーは解散し、各担当は元の部署へ戻っていった。

上田 亨 Toru UEDA
ダイハツ工業株式会社
開発本部 担当 製品企画部長　上級執行役員
現　富士シート株式会社　専務執行役員

ミライースの取り組みを全社に伝道してほしい

「ミライースの開発で取り組んだことは、その後の他の車種へも進化をしながら広がっていっています。

ただ、そう簡単に展開できたわけではありません。ミライースでやったこと、たとえば目標原価ではなく予算制限であるなどの言葉は伝わって、耳にしたことはあっても、それをすぐ実行に移せないという心の問題が残ります。ミライースのバーチャルカンパニーで開発に携わったのは各部門の主査などリーダー的な立場の人たちでしたから、部署に戻ってからは伝道師になり、リーダーシップを発揮してほしい、改革の先頭を切ってほしいと言って戻ってもらいました。

図4　2017年5月に二代目となるフルモデルチェンジが行われた（写真／ダイハツ工業）

私自身も、製品企画部に残りましたので、ほかの新車開発において誰かが提案書一つ書くにしても、言葉から正していくようにしました。やはり実際に体験しないと、心は伝わらず、実行が伴わないところがあります。ようやくこのごろ、全社にミライースでの取り組みが広がったかなと思っています。

またミライースで作り上げたイーステクノロジーは、横展開して広がったあと、そのままにしておいたのでは終わってしまうので、時代とともに進化していかなければなりません。部品そのものも進化していきますし、あるいはミライースの際にやり切れなかったことが今ならできるということもあります。時間が解決したり、海外生産を見て学んだりして、いろいろ知恵が浮かぶ場合があります。そうした進化の様子は、新車が誕生するたびに、イーステクノロジーが進化することで機能や性能を実現することができましたと説明をしています。

進化の内容は、企画面では仕様や装備の最適化。設計では設計素質を良くしていくこと。プレスでいえば、安く、軽くというように。また調達では、いかに素質の良いものを安く調達できるかという最適な買い方があるは

ずです」（図4）

軽やコンパクトカーにふさわしい技術とは

これからの将来へ向けて、イーステクノロジーをテコに、ダイハツはどう成長していくのであろうか。

「軽自動車を主軸にしながら、コンパクトカーも含め、それらは生活を支えている車種になりますから、お客様に寄り添っていることが大事だと思っています。そういう生活を支える道具であると同時に、また、持つ喜びも備えていなければなりません。

そう考えたとき、〝良品廉価〟の考え方は、今後も外せないと思っています。たとえ最先端の凄い技術が現れても、それが軽自動車やコンパクトカーのお客様に適正な価格と価値で貢献していかなければならないと考えます。

たとえば運転支援のスマアシも、5〜6万円という設定にすることでどの車種でも8割の装着率となっています。機能と価格の調和がとれた商品開発が大切だという証だと思っています。

将来の電動化や自動運転化などの分野においても、単にあるものを使うのではなく、軽自動車やコンパクトカーにふさわしい技術を、いまから育てていかなければなりません。

新興国については、世界的に評価される技術を軽自動車から発信し、そのうえで現地生産ができ、安く提供できるものであれば貢献することができます。

軽自動車で、新興国で貢献できる技術開発、商品開発が、ダイハツのやるべきことであり、また得意分野となるでしょう。価格以上の機能が認められれば、付加価値が生まれる、そういう開発の仕方が大切です」

良品廉価と短期開発というダイハツの進むべき方向性を、改めて明確に語ることができるのも、東京モーターショーに出展したイースと、そこから量産市販へ向けさらに前進したミライースの開発を通じ、社内の意識が変わり、もう一歩前へ踏み出すことができ、会社が変わったからではないかと上田は言う。

「軽自動車も、次第に大きくなり、値段も高くなってゆき、それらは安全対応など社会的要請があったとはいえ、かつてスズキ・アルトと双璧を成した初代ミラの時代があり、そうした原点に戻れたのがイースだったと思います」

　トヨタの完全子会社化という経営の変化もあるなかで、ダイハツならではの存在意義を示したのが、イースへの挑戦だったといえるだろう。

「そこをしっかり磨き、進化させなければならない」

　上田は、インタビューの最後に表情を引き締めるのであった。

Chapter 6 トヨタフューエルセルシステム(TFCS)

TOYOTA Fuelcell System

燃料電池を自動車のターニングポイントへ

トヨタ自動車株式会社

トヨタが燃料電池の開発をスタートさせたのは1992年である。

それはわずか3人のチームから始まったプロジェクトだった。そして'99年。

研究は実証段階に移行する。もし石油資源がなくなったとき、自動車はどうなるのか。

危機感をもった仲間が増えた。その意識はトヨタが持つモビリティの将来そのものだった。

自動車が電動に向かうとしても、そのエネルギー源は多様化していなければならない。

水素はそこで大きな役割を持つことになる。

トヨタの燃料電池研究開発時代

燃料電池とは、水素と酸素を燃料として発電する装置である。燃料電池自体は1839年にグローブ卿（英）が実験に成功したが、本格的な実用化は'60年代になってからであり、アメリカ航空宇宙局（NASA）が、宇宙船内の電源として研究を進めた。これは、燃料電池が水素と酸素による発電を行ったのち、排出されるのは水であり、水の確保という点で期待されたためである。このNASAの技術を民生へ転用し、最初に自動車に応用したのはゼネラルモーターズ（GM）であり、'66年にエレクトロバン（Electrovan）を製作している。

その後、自動車業界で燃料電池が一躍注目を集めるのは'90年代に入ってからとなる。ドイツのダイムラー・ベンツ社（当時。現ダイムラー社）が、カナダのバラード社と共同開発した固体高分子型燃料電池を用いる燃料電池車ネッカー1（NECAR1）を、'94年に公表した。

トヨタ自動車も、'96年の電気自動車シンポジウム（EVS13）にて、大阪御堂筋でのパレードに、SUVのR

図1 1996年にRAV4をベースとし、水素を燃料とする燃料電池を搭載したFCEVとして発表。大阪での電気自動車シンポジウムのパレードで走行した

ＡＶ４を基に開発したＦＣＶを走行させている（図１）。その開発は'92年に遡る。

'92年、当時技術担当役員であった塩見正直常務が、燃料電池車開発の指示を出したことがきっかけとなった。そして同年10月には、燃料電池プロジェクトが発足している。それは、社内でわずか３名からなる研究開発であった。翌'93年６月には、早くも第１号のセルを完成させた。この研究開発のなかでは、水素の車両搭載方法も模索があり、水素吸蔵合金、メタノール改質なども検討されていった。

市販までかかった22年に集まった人材

燃料電池車開発が、研究開発から実証段階へ、大きく動いたのは'99年のことであった。社内公募により人員が集められ、ＦＣ技術企画部が発足する。その公募に手を上げた一人が、今日、燃料電池車開発で主査を務める木崎幹士である。

「それまでは、ディーゼルエンジンのシステム開発をしていましたが、ハイブリッドなどパワーソースに劇的な進化をもたらす開発をしたいと異動願いを出していました。燃料電池のことはまだよく分かりませんでしたが、夢のある企画だと思えました。

私は地元豊田市の出身であり、石油がなくなるようなことになったら豊田市はどうなるのかと心配していましたので、水素でクルマが動くなら会社がこれからも存続できるのではないかとの思いもあり、応募しました」

同じく、公募で燃料電池車開発に携わることになったのは、水素タンク開発などを担当することになった大神敦幸である。

「入社以来シャーシ設計をしていて、そのあと原価の企画などもやりましたが、やはり開発に携わりたいと応募しました。エネルギー事情に関する社内講演を聞き、発電後に水しか出さないのは素晴らしいと思ったのです。開発の経験があるのはシャーシ関係でしたが、そのなかで燃料タンクに携わった時期もありました。それが縁だったのかもしれません。水素タンクの開発というところに落ち着きました」

２０００年入社の浜田成孝は、燃料電池車を開発したくてトヨタに入社した一人だ。

「入社後、どこに配属されるか分かりませんでしたが、とにかく燃料電池車にかかわりたくて、当時のＦＣ技術企画部へ行き、自身の最大限の熱意を伝えました。そして願いが叶ったのです」

それぞれに、意気込み高く、燃料電池車の開発が本格化していった。それから'14年の発売までの歳月は、'92年のゼロから研究が始まったときから数えても、市販のための量産体制に持ち込むまで22年の歳月を要している（図2・3・4）。この歳月は、カール・ベンツがガソリンエンジン自動車を発明し、ヘンリー・フォードが大量生産の道筋をつけるＴ型を発売するまで要した22年といった歳月と同じである。

燃料電池市販へ氷点下の始動

市販へ向けた開発の過程で、山場といえることは三つほどあると木崎は話す。

「まず性能面でいうと、氷点下での始動と、エンジン車並みの航続距離の確保です。次いで、販売するための製品化へ向けた原価の低減。それから、量産化が可能なものづくりの実現です」

氷点下での始動性とは、水素と酸素の反応により発電したあと、生成水が酸素側から排出される燃料電池において、氷点下ではその水が凍って、発電できなくなってしまう恐れがあることを指す。それが解消できなければ、自動車を必要とする地球上いたるところで実用性を維持することはできない。

燃料電池のシステム設計を担う今西啓之は、

「市販する以上、エンジン車並みの環境で始動し、走行できなければなりませんから、マイナス30～プラス40℃での起動が必要です。まずは、生成水が凍る状態を見て、どのように凍るのかを確認することから始めました。

日本自動車部品総合研究所（当時。現ＳＯＫＥＮ社）と共同で内部を可視化し、発電の様子を観察すると、水は生成されてすぐに凍ってしまうのではなく、若干時間の猶予があることが分かりました。そこで、まだ液水であるうちに0℃まで暖めることができれば、あとは発電によって熱が出るので運転を継続することができます。

図 2　貯蔵に水素吸蔵合金をタンクとして採用した FCHV-3（2001 年）

図 3　日米で限定リース販売を開始した「トヨタ FCHV」。世界で始めての実現だった（2002年）

図 4　燃料電池システムをより進化させた「トヨタ FCHV-adv」

どうやって暖めるかですが、最初はヒータを取り付けるなども考えました。しかし、目標とした30秒の間でマイナス30℃から0℃まで温度を上げるには、60kWの出力が必要でした。家庭用の1kWのヒータを60個も車載するようなことはできません。

最終的に燃料電池は熱を出すのですから、その自分の熱を利用することに落ち着きます」と経緯を話す。

その解決策は、思わぬところからもたらされた。それは、浜田のやっていた安全確認の試験結果であった。

「燃料電池の安全確保は、水素にまつわることと、高電圧に関することの二つがあります。そのうち、万一、燃料電池のプラス端子とマイナス端子が短絡（ショート）したらどうなるかという試験で、燃料電池から高い熱が発生したのです。もちろん、短絡させてしまえば発電はできませんが、酸素の供給が多い場合や少ない場合の運転を試していると、酸素を少ない状態で発電させると発電効率が低い状態になり、発電しながら高い熱を発生させ、急速に昇温できることを確認しました。これを氷点

木崎 幹士 Mikio KIZAKI
トヨタ自動車株式会社
先進技術開発カンパニー
FC技術・開発部　主査

大神 敦幸 Nobuyuki OGAMI
トヨタ自動車株式会社
先進技術開発カンパニー　FC技術・開発部
水素貯蔵設計室　先行開発　グループ長

今西 啓之 Hiroyuki IMANISHI
トヨタ自動車株式会社
先進技術開発カンパニー　FC技術・開発部
FC制御システム設計室 第2システム　グループ長

浜田 成孝 Shigetaka HAMADA
トヨタ自動車株式会社
先進技術開発カンパニー　FC技術・開発部
FC機能設計部　スタックAssy設計　グループ長

秋山 史郎 Shiro AKIYAMA
トヨタ自動車株式会社
本社工場 シャシー製造部
技術員室 グループ長

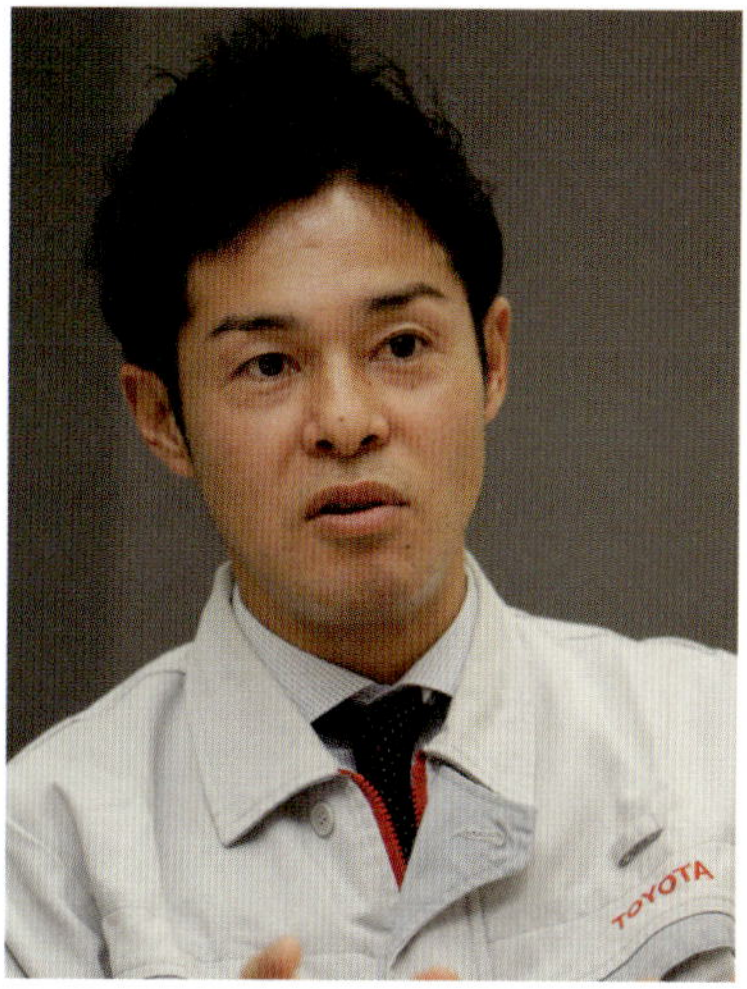

飯塚 和孝 Kazutaka IIZUKA
トヨタ自動車株式会社
電池・FC生産部
計画室　グループ長

下での始動性に利用できないかとなったのです」

「その熱は、家庭用ヒータ70台分にも相当しました」と、木崎は補足する。

この対応策は、'15年（平成27年）に、燃料電池を急速暖機する制御方法の発明として、恩賜発明賞を受賞している。

次に、1回の水素充填で走行可能な距離を延ばすため、従来35ＭＰａ（約350気圧）であった高圧水素タンクを、70ＭＰａへ2倍に上げることと、燃料電池の効率の向上で対応した。

木崎は、

「水素は、ガソリンに比べエネルギー密度が低いので、ＭＩＲＡＩに搭載する70ＭＰａのタンクでも、ガソリンタンクでいうと20Ｌほどの容量しかないのと同じになります。35ＭＰａであればその半分ということで、ＪＣ08モードで300㎞強しか走れず、実証試験では不評でした。クルマじゃないとまで言われたこともあります…」と、走行距離に対する利用者からの不満を耳にしていた。

そこで、500㎞走れることが目標とされた。

大神は、

「水素タンクについてトヨタは後発でしたので、当初はアメリカ製のものを使っていました。しかし、微小な漏れなどがあり、一気に内製へと方針転換したのです。まず、'05年に35ＭＰａのタンクに取り組み、'08年には70ＭＰａの水素タンクを内製しています。

圧力が2倍になるからといって、単に炭素繊維を2倍巻き付けても、タンクが分厚くなるだけで強度が2倍になるわけではありません。また車載するうえで、搭載場所を大きくとれるわけでもありませんから、35ＭＰａとほぼ同じ体格で強度を上げるため、どれだけ薄く炭素繊維を巻くことができるか、巻き方と、タンクの形状含めた開発が必要になりました」

水素タンクの強度を保つ炭素繊維は、タンクの胴体部分と端の丸みを持つ部分とで巻き方が異なり、胴体と丸みの部分の結合部を補強するためにタンク全体の積層が厚くなっていた。そこを、タンク内側のライナ形状を改善することなどにより、積層を薄くすることができ、なおかつ炭素繊維の無駄を省く工夫が開発された。また、アルミニウム製の口金も他社のタンクに比べ大きくすることで、炭素繊維に掛かる力を軽減することに役立って

いる。高価な炭素繊維の使用量を減らすことは、原価低減にもつながった。

原価低減への三つの手法

木崎が示した、燃料電池車の性能にまつわる第一の山場はこうして乗り越えていった。だが、市販へ向けては原価低減が次の大きな山場となる。

「いくら環境にいいとか、究極の自動車だといっても、原価が成り立たなければ営業関係の役員は距離を置いて見ている様子でした」と、木崎は振り返る。

原価の低減に、魔法はないという。無くす／減らす／高いものは安いものに替える。従来と変わらぬ三つの手を尽くすしかない。そこはエンジン車づくりと同じである。燃料電池を構成する機能部品から電線に至るまで、一つひとつを詳細に見直し、生産技術を含め製造のための工程設計を行った。

原価低減のため無くしたものの代表は、加湿器だった。燃料電池で発電を行う際に、電解質膜内におけるイオン

図 5 2002年型トヨタFCスタック。成型カーボン製で、水素と空気は溝流路を流れる

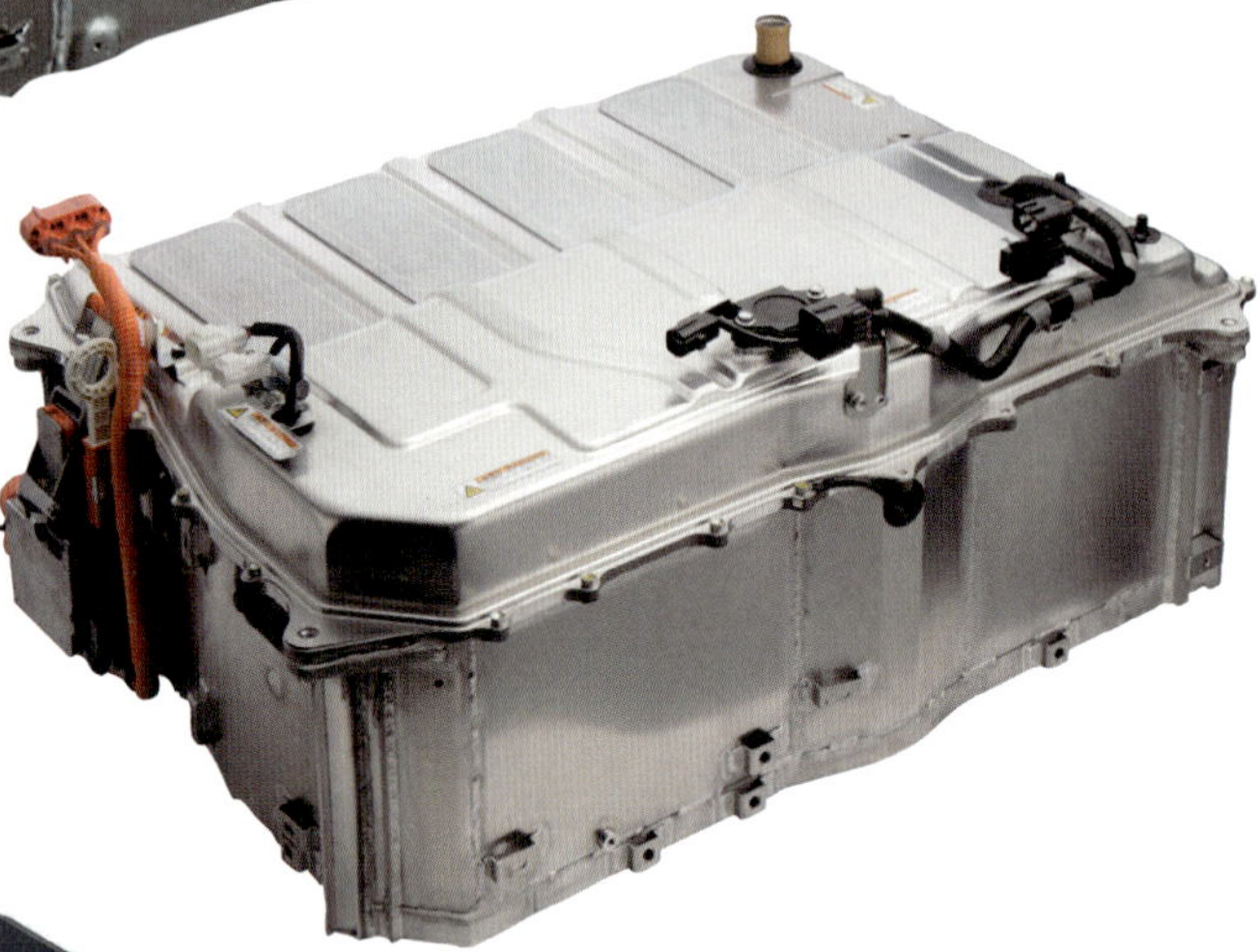

図 6 2008年型FCスタック。溝流路は変わらないが成型はステンレス製となった。出力密度 1.4kW/L

図 7 MIRAI の FC スタック。出力は 2008年型の 1.4kW/L から 3.1kW/L へ、体積37L、重量は 56kg へと進化した。チタン製でセル流路は世界初となる 3D ファインメッシュ流路
(図 1~7/トヨタ自動車)

伝導のため適度な水分が必要で、他社の燃料電池には必ず加湿器が装備されている。トヨタも開発段階では装備してきた。これを無くしてしまおうというのである。燃料電池は発電後に水を排出するので、それを利用し、燃料電池の中で水素ポンプなども使って水を再循環させる仕組みを考えだした。

次に、減らしたものは、触媒に使われる貴金属の白金である。白金は、触媒内で必ずしも反応に寄与していない部分を無くすため、白金を塗布するカーボンを中空カーボンから中実カーボンに変更した。これにより白金がカーボンの中に隠れることなく、カーボン表面上に担持され、白金の使用量を減らしつつ、触媒の性能向上を図ることができた（図5・6・7）。

安く作るために、燃料電池スタック内の空気の流路をプレス加工で安価にできるようにした。

こうした原価低減のための具体策が打ち出され、木崎は、「原価が成り立つようになって初めて、量産開発の正式な社内承認をもらうことができました。周囲も、市販しなければという機運になっていったのです」と、情勢の変化を語る。

そして量産化へ

そして量産へ向け動き出した。

「量産へ向けた山場は、大きく二つあると思います」と、話すのは電池・FCの生産を計画する飯塚和孝である。

「一つ目は、電池性能に加えて、量産のものづくりを意識した燃料電池の設計です。生産の現場では、加工のために部品を掴んだり離したりする動作があり、如何に造りやすい製品設計にするかが重要で、設計と生産技術が一体となり、生産性のよい製品に変えてきました。

二つ目は、量産へ向けた試作を始めた段階で、不具合が出てしまいました。生産性のよい製品に設計を変えても、製造時間を早めると部品と設備の接点で部品が変形する不良が出たのです。一つ二つであれば製造できたものも、何百何千もつくるとなると簡単ではありません」

シャーシ製造部の秋山史郎は、

「燃料電池の製造は、本社工場で行っています。理由は、開発ともっとも距離が近いからです。もし何か問題が生じた場合、現地現物ですぐ見に行くことができます。

一方、本社工場は、ランドクルーザーなどフレーム構造を持つ車両を生産してきた工場なので、プレスや溶接、組み立てなどの作業に従事した経験はありますが、燃料電池のように繊細な製品の製造は未経験です。そもそも、燃料電池とは何か、そういったこともこれまで知らずに来ています。

そこで、燃料電池とは何かといったことから、設計や生産技術の人たちに学ぶことをしました。なぜこういう形をしているのか、なぜ設備はこのようになっているのかなど自分たちで教科書をつくり、勉強してもらいました。そのうえで、試作の設備を見ながら、壊れにくく使いやすい生産設備を作り上げていったのです。また、設備の分解組み立てを今でも繰り返し行っています。誰でも同じように仕事をできるようにするためです。部品を手で持つ場合も、エンジン部品なら簡単には壊れませんが、燃料電池の部品は繊細なので工夫がいります」と、量産現場での取り組みとその背景を語る。

それでも、いざ製造する段階での作業には、燃料電池ならではの新たな取り組みばかりとなっていった。飯塚は、

「エンジンでは、鋳造や切削加工、組み付けといった作業であるところ、燃料電池では、巻く、塗る、貼る、表面処理するというように、まったくやることが違います。したがって、管理すべきところ、見るべきところも違い、そこも新たな苦労でした。

試作の段階で、性能を出したり、加工したりというところは経験を積み上げることができましたが、薄いフィルムの搬送や、セパレータの表面処理を行うプラズマＣＶＤ（Chemical Vapor Deposition）における真空での作業などについては、自動車以外の産業から学んで、工法や技術を採り入れてきました」と、話す。

また、秋山は、

「製造のメンバーは、『初めての燃料電池市販車なので、量産製造開始時に我々が最高の品質と思えるスタックをお客様にお渡ししたい』という通常より強い思いで、**【考えて・考えて・考えて、これでもか・これでもか・これでもか】**をスローガンに、徹底的に製造環境と設備の整備や、燃料電池スタックのつくり込みを行ってきま

した」と、品質に対する製造の熱い思いを語る。

そうした苦労を含め、新しい取り組みの連続となった燃料電池車、ＭＩＲＡＩは、'14年12月から発売が開始された。利用者の顔が見えるそれまでの実証実験と違い、不特定多数の顧客に納車されて分かってきたこともあるのではないだろうか。

浜田は、

「まず、我々の想像以上に、いいという評価を数多く戴けました。アクセルペダルを踏んだときのモーターによる加速がいいとか、燃料電池などを床下搭載することによる低重心によって操縦安定性がいいといった声は、想像以上の反響で、嬉しいのはもちろん、驚くほどの好評を戴いています。

同時に、こういう使い方もあるのか…という例もありました」と、語る。そのことについて今西は、

「雑誌の取材で、テストコースのバンクで長時間停車したままアイドリング状態で写真撮影が行われ、生成水が燃料電池の内部に溜まって燃料の供給ができなくなることがありました。生成水の排水はいろいろな状況を考えて検証し、対処してきましたが、長時間車体が横に傾けられたままアイドリングが続けられるところまでは想定しませんでした」と打ち明ける。

木崎はその点について、

「もちろん、米国カリフォルニア州のサンフランシスコなどで、坂道も試験しましたし、テストコースのバンクを走行する試験も行ってきました。それでも、傾斜したバンクで停車したままアイドリングを続けるというのは、まさに想定外でしたね」と、苦笑するのである。

トヨタの２０５０年ビジョン

こうして市販にこぎつけたトヨタの燃料電池車ＭＩＲＡＩであるが、この先について、どう見通しているのであろう。

木崎は、

「トヨタ自動車は、２０５０年ビジョンを'16年に出しました。将来的には脱石油になっていく方向性があり、電動の比率が上がっていくことになるでしょう。そこについては、電気自動車の新たな体制作りもありますが、持

続的モビリティの観点から〝適材適所〟の考えがあり、電気自動車と燃料電池車は棲み分けが成り立つと思っています。

また、MIRAIのような乗用車に加え、バスやトラックへの適用も視野に入ってくるでしょう。

そうしたなかで、電気自動車や燃料電池車にはまだ足りていない面もあり、エンジン車と順調に置き換えられるよう、車体とパワートレーンをあわせて今まで以上にしっかり開発していかなければならないという認識でいます。

普及については、水素ステーションという社会基盤との関係からも、しっかり取り組んでいかなければならないと思っています。さらなる量産へ向けた開発を一心不乱に取り組んでいるところです。

10年後の想定としては、2世代目のプリウスが拡販した水準に燃料電池車がなるといいのではないかと考えています。経済産業省は、'25年までに水素ステーションも自立できるようにとの目標を立てていますので、水素ステーションが自立するには、燃料電池車もそれに見合った数が市場に出ていなければなりません。そのための開発を、いままさにやっているところです」と、将来像を語る。

そうしたなかで、世界初の市販燃料電池車を世に送り出した技術者たちは、その自負を胸に脇目も振らず開発に没頭する日々を送っている。

Chapter 7 セーフティシールド—自動運転につながる開発
NISSAN Safety Shield Technology

クルマをより安全にする礎

日産自動車株式会社

日産は '16 年 8 月に発売されたセレナで、ミニバンクラスでは世界初の、
高速道路同一車線自動運転技術のプロパイロットを市場導入した。
世界初という技術挑戦は、日産の技術の底上げになるという信念がある。
確かに自動運転の将来は予測がつかない技術である。
自動車メーカー以外の分野からも参入があり、脅威でもある。
しかし日産は自動車運転を事故ゼロのための重要な技術と捕らえている。

クルマをより安全にする礎を世界初の挑戦で

自動運転について、２０１６年に大きな動きがあった。'14年に策定された「官民ＩＴＳ構想・ロードマップ」が、大幅に改定されたのである。

これは、'15年11月に開催された第2回未来投資に向けた官民対話において、安倍晋三総理大臣が次のような発言をしたためだ。

『'20年オリンピック・パラリンピックでの無人自動走行による移動サービスや、高速道路での自動運転が可能となるようにする。このため、'17年までに必要な実証を可能とすることを含め、制度やインフラを整備する』

さらに、'16年4月に開催された第5回の同官民対話において、いっそう踏み込んだ発言がなされた。

『早ければ'18年までに、自動走行地図を実用化する。本年度中に自動車メーカーや地図会社を集めて、企業の枠を超えて仕様を統一し、国際標準化提案を行う』

これらを受け、'16年5月に「官民ＩＴＳ構想・ロードマップ２０１６」が策定された。目指すのは、『世界一のＩＴＳを構築・維持し、日本・世界に貢献する』である。

そうした動きのなかで、日産自動車は、自動運転技術の導入について、'16年には高速道路の単一車線での導入を始め、'18年にはそれを複数車線へも展開する。そのうえで、'20年には交差点を含む市街地へと拡大していくロードマップを公表した。これは、官民ＩＴＳ構想・ロードマップ２０１６においても先端を行く開発目標といえる。そして日産は、'16年8月に発売されたセレナで、ミニバンクラスでは世界初となる、高速道路における同一車線自動運転技術のプロパイロットを市場導入、続いて'17年7月のエクストレイルのマイナーチェンジにおいてもプロパイロットを設定し、9月発表の電気自動車リーフにも採用した。

日産の積極的な姿勢、取り組みについて、技術戦略を担当する溝口和貴は、

「日産自動車が目指すのは、クルマ社会をより良くしたいということであり、自動運転はクルマをより安全にする上での礎だと思っています」と説明する。

ここで、日産の自動運転技術につながる運転支援シス

テム開発の歴史を振り返る。1999年に市場導入したインテリジェントクルーズコントロール（ICC）が、運転支援システム最初の取り組みになると溝口は言う。

「そして、2001年には、カメラを使った車線検出センサによるレーンキープサポートシステムをシーマに搭載しています。それから15年ほどの間に、世界初の運転支援システムの導入を続けてきました。そのなかにセンサや車両制御など自動運転技術につながる要素技術があり、そうした積み重ねによって、プロパイロットが誕生しています」

このうち、'01年のシーマに搭載されたレーンキープサポートシステムは、ステアリング操作をクルマが自動的に支援する機能の完成度の高さを見せ、自動車評論家を驚かせるほどの出来栄えを見せた。

こうした運転支援システム開発の中で世界初を数々実現した背景について溝口は、

「ある意味で意図的に取り組んできました。世界初を狙うことが後押しとなり、技術開発が進んでいくからです。その際、世界初とは過去に無かった技術ですから、世の中に出すまでに数多くの課題が生じます。そうした課題

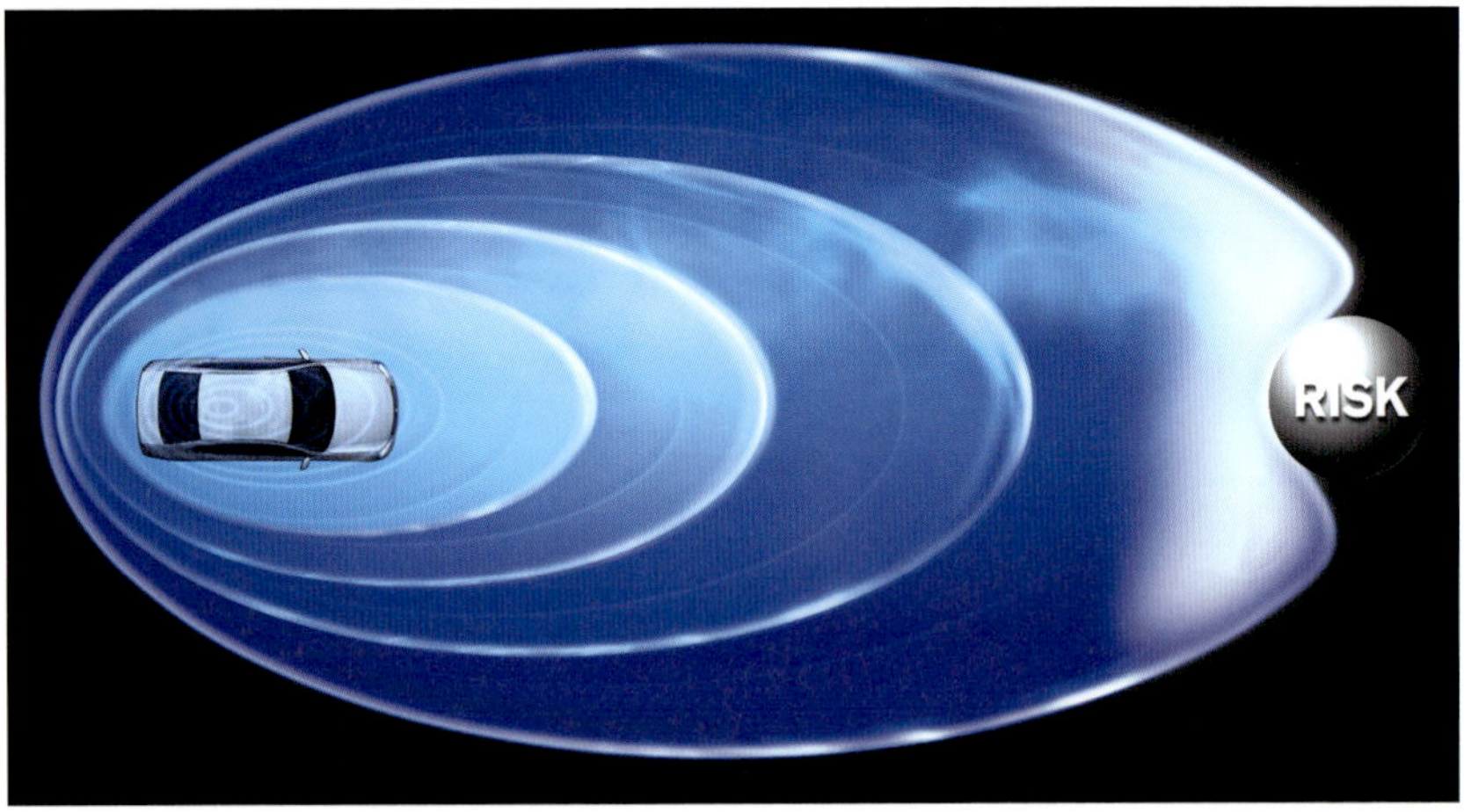

図1 2004年から「セーフティシールド」という安全に対する考え方に基づいた開発を開始した。通常運転から衝突後まで、クルマが状況に応じて様々なバリア機能を働かせ、危険に近づけないようサポートし続けるという考え方である（イメージ図）

を解決していくことが技術を押し上げていくことにつながります。世界初への挑戦を継続的にやっていかないと、技術の底上げはないと思います」と、技術の日産と言われて久しいメーカーの技術者の誇りを感じさせる、力強い意見を述べるのであった。

セーフティシールドという概念の誕生

個々の技術開発を積極的に進めていく中で、日産は、セーフティシールドという概念を'04年に世に示した（図1）。セーフティシールドとは、通常の運転状況から衝突後までを含め、状況に応じてクルマが様々なバリア機能を働かせ、少しでも危険な状態に近づかせないようにする安全の考え方だ。

溝口は、

「ICCやレーンキープサポートのあと、'04年には車線逸脱警報（LDW）を実用化しますが、こうしてクルマの前方に次いで、側方の予防を意識するようになってきました。

実際、事故調査をすると、アメリカでは、事故件数は追突が多いのですが、死亡事故件数となると車線逸脱の件数がもっとも多いという事実が分かってきました。すなわち、様々な事故形態に対応していくと、結局、クルマの周囲すべてに範囲を広げていかなければ事故ゼロは実現できないことになり、そこからセーフティシールドの概念がおのずと生まれてくるのです。危険な状況がクルマに近づくほど危険性は高まるので、それを段階的に技術に落とし込んでいくことによって、安全性をさらに高めていく考え方です。

エアバッグや衝撃吸収車体構造などのパッシブセーフティから、ABSの標準化やビークルダイナミクスコントロール（VDC）などのアクティブセーフティに取り組んでいくうちに、重傷死亡事故をゼロにするには、単品の機能としての安全から、幾つかの機能を組み合わせることにより乗員を守ることが大事であるとの考え方へつながっていきました」と背景を解説する。

こうした事故の危険性を段階的に取り除いていく安全の開発思想は、当時としては先端を行く構想であった。

日産の技術戦略を量産車開発につなげていく立場にいる矢作悟も、

「セーフティシールドによって安全技術を体系化したことが大きかったと思います。幾つかの段階によって事故の起こる前から後まで体系化していくこと、また、前後左右という周囲の状況からどのような事故が多いかを順に手当てしていくことによって、最終的にそれが楕円の形となり、セーフティシールドが完成します。そういう発想は、当時としては独創的であったといえると思います」

事故の9割は人間に原因がある

さらにその先に、自動運転技術が見えてくる。溝口は、「運転支援システムを開発していくと事故の多くが人間のミスによって起きていることに気づかされます。事故の9割以上が人間のミスによって生じているとの分析もあります。クルマの安全性をさらに向上させるには人のミスを減らしていくことが重要であり、自動運転技術はそのために必要な技術と考えています」と、道筋を語る。

一方で、クルマに自動運転技術が導入されていくと、クルマがつまらなくなるのではないかといった懸念が取り沙汰されるようになった。それに対する溝口の見解は次の通りだ。

「自動運転技術を導入し、将来的に完全自動運転となっていくとしても、根幹となるのはクルマ自身の安全が担保されていなければならないということです。ということは、自らハンドルを握って運転する場合にも、移動がより安全で快適になっていくことになります。そして、自動で走ることと自らハンドルを握って運転する両方の価値は残っていくと思っています。自動運転技術とは運転する楽しみを奪うことではなく、背反しないのではないでしょうか」

また、矢作はこう語る。

「同じ一人の運転者の例でも、運転したいと思うときと、面倒だと感じるときがあると思います。ときにはタクシーのように誰かが運転してくれたら楽でいいのではないかと。日産の運転支援技術は、自らハンドルを握っていてもより安全に移動するための技術であり、我々はそうした技術を用意しているとの意識でいます。従来の例でいえば、マニュアルシフトにこだわる人はもちろん残っていますが、時代が移っていくことでオートマチックが普及しました。クルマの楽しみ方も変わっていくのではないでしょうか」

技術者が自分の肌感覚として知っている強み

さて、日産は自動運転技術のロードマップを、この先どのように推進していこうとしているのか。溝口は、

「自動運転技術を使うことができる場面を広げていく考え方で開発をしています。

'16年に発売したプロパイロットは、高速道路における単一車線での自動運転技術です。'18年の高速道路における複数車線での自動運転技術となると、自車線上の先行車との関係だけでなく、隣の車線との関連性が生まれ、'20年の市街地における自動運転技術となればより複雑な状況が現れます。

それをどう実現していくかについては、電子技術の進歩、特にセンサと処理能力（ＣＰＵ）の進化にかかって

います。市街地のような複雑な状況を正確に把握するには、それを処理するCPUの能力が追い付けなければ実現不可能です。

いわゆるムーアの法則（18ヵ月ごとに半導体の集積率は倍になる）のようにCPUの能力が高まっていくとすると、市街地という複雑な状況も徐々に適応できるようになっていくのではないでしょうか」と見通しを語る。

そのような予測は、何を根拠に生まれるのか。溝口は続けて、

「世の中の技術や今後の動向を見ていると、'20年になればこれができるだろうと予測することができます。それはたとえば、過去にはCPUがこういう風に進歩したとか、半導体メーカーのロードマップをみながら、自分たちの判断を加えていきます。そうした予測ができるのは、これまで世界初となる運転支援システムを世に出した経験に裏付けられるところがあります。証拠はと聞かれると困りますけれども、現場でやっている技術者の肌で感じていることだと思います」

そこで矢作が話したあるエピソードは、「アメリカの道のどこにトイレがあるかを知っているのは、現地のア

図2　技術者として、また開発部隊の最前線として、データ収集のために走り回るのは日産の伝統という。「アメリカの道のどこにトイレがあるかを知っているのは、現地のアメリカ人より日産の開発部隊の方が詳しい」そうだ

メリカ人より日産の開発部隊の方が詳しいという話をしたことがあります」という（図2）。溝口はそうした実体験を通じて、

「何が何パーセントという指数も大切ですが、そのなかに何が含まれているのか、何を指しているのかといった背景を、技術者が自分の肌感覚として知っているのがいまの日産の強みになっている」と言うのである。

直観が働くというと、一見、何かあてずっぽうのように聞こえるかもしれないが、直観とは、それまでの経験がもたらすある種の示唆といえる。そういう直観が働く段階に日産はあるということだろう。続けて溝口は、

「基本的にやっていることは、認知／判断／操作であり、認知はいかに対象物を正しく認識できるか、判断は対象物の増加に伴い指数関数的に増えていく組み合わせに基づき次のアクションをいかに正しく判断するか、操作についてはこれまで同様、判断に基づいてブレーキ、アクセル、ハンドルを制御することです。その中でこれからやるべきことは認知と判断であり、それらを担うセンサとCPUの処理能力が数年後には上がっていくだろうと予測しているわけです」と話す。

加えて矢作は、

「そうした予測を、日産が'15年の東京モーターショーにお台場で、またアメリカのシリコンバレーで、公道を自動運転で走らせた現物があるところが裏付けています。実験車両とはいえ、交差点のある道路を実際に走らせたのですから、それを量産化していくための開発に注力していくことになります」と、着実な実績の積み重ねをもを説く。

未来への理想を描き そこに向かう技術開発

同時にまた、未来を思い描くことも大切だと、溝口は言う。

「技術や経験を積み上げて実現していくやり方もありますが、理想的な未来を描いて、それに向かって技術開発をしていくことが大切なのではないでしょうか。少なくとも我々日産は、未来を描き、夢を提示しています。それを実現していくためにどのような技術を導入しなければならないか、という取り組み方は昔から変わらないの

図３　単価の高い単眼カメラではあるが、自動運転技術を数多く販売できるようにメリハリをつけた原価の考え方により、全体で原価を下げていくという

ではないでしょうか」

ところで、日産の自動運転実験車両は、電気自動車リーフを使っている。電気自動車の方が相性はいいということになるのだろうか。

「エンジン車でも電気自動車でも、どちらにも適用することはできます。ただ、日産自動車が掲げる戦略の柱の中に電気自動車と自動運転技術があります。そして、それらを組み合わせた次世代の自動車が象徴的な姿になると考えています」と溝口。

そのうえで矢作は、

「プロパイロットをセレナで実現したように、自動運転技術は数多く販売できる市販車で広げていきたいと考えています。そのために、原価は最重要課題となります。

そこで、プロパイロットの導入に際して、単眼カメラは原価の高い部品ではありますが（図３）、その他の要素技術は基本となる車両にあらかじめ装備されている部品を活用してシステムを作り上げています。メリハリをつけた原価の考え方により、全体で原価を下げていくのが、私の仕事です。

その際に、先行開発で実証用に作られた実験車両は、現状での価格自体は市販できる水準にないものの、そういう現物があることによって、市販へ向けて必要最小限が何であるかが見えてきます。そうした上流の開発から、量産へ向けた開発が見えてくるのです」と、先行開発と量産開発が連携する重要性を語る。

今後の自動運転技術の展開について、溝口は、

「二つの軸で技術開発を考えています。それは、最先端の新しい技術開発と、作った技術を広く普及させることです。'20年までには、プロパイロットが量産車に当たり前に装備されていることに期待しています。一方、市街地での実用化や、より高度な自動運転技術になると使われる部品もより高度になり、それらがすべてのクルマに搭載できるかどうかはまだ分かりません。

さらにそれ以降の10年先はどうかという話になると、予想がつかない状況です。とはいえ、世の中にはすでにいろいろな動きがあります。たとえば、ロボットタクシーのように自動運転技術を活用した交通サービスを行う会社が国内で立ち上がっています。アメリカでは、配車サービスをするウーバーによるロボットタクシーや、グーグルのセルフドライビングカーなどの話題もあります。それらが今後どういうかたちに収斂されていくか、もう少し様子を見ないと分かりません。

自動車メーカーとしては、ビジネスチャンスでもあり、同時に脅威でもあります。4年前に、いまの状況を予測できた人はいなかったはずで、社会の動きが速くて大変ですが、きちんと戦略を立てて取り組まなければいけないと思っています」と、プロパイロットの市場導入や、自動運転技術導入のロードマップで先行する日産ではあるものの、今後の展開には溝口も気を引き締めて掛からなければならないとの口調になった。

そのうえで、

「セレナのプロパイロットは多くのお客様にご購入していただいており、市場で受け入れられない技術ではないと感じています。市場調査のなかには、完全自動運転に対する慎重な声もあるようですが、実際に技術が出て試乗や体験ができるようになれば、解決していくのではないでしょうか。

過去にも、VDCが出てきた際には、クルマに勝手にコントロールされてしまうのは嫌だといった声もありましたが、法制化されたり、導入が進んでいったりするう

ちに、気に掛けられなくなってきています。

技術面でも、センサやCPUは年々進化しているので、自動車メーカーとしてはその進化に合わせて技術を進歩させていくことが必要になります。

課題として考えられるのは、人材ではないかと想像します。人工知能について、20～30年前に話題になったあと一時下火になり、大学などでの研究も関心が薄れた時期がありました。そして近年再び脚光を浴びるようになっていますが、そうした勉強をした人たちが自動車メーカーでクルマの技術開発をできるように育つには10年くらいの年月が掛かります。ですから、業界全体で見ると、人工知能やITの人材不足が、将来的な開発の足かせにならないか懸念しています」

日本の基幹産業になることを願って

最後に矢作は、

溝口 和貴 Kazutaka MIZOGUCHI
日産自動車株式会社
電子技術・システム技術開発本部
AD＆ADS先行技術開発部 戦略企画グループ
エキスパートリーダー

矢作 悟 Satoru YAHAGI
日産自動車株式会社
電子技術・システム技術開発本部
AD&ADS先行技術開発部 プロジェクト開発グループ
主管

「自動車メーカーにかかわる技術者として、クルマで人が亡くなるのは辛いことです。事故ゼロを目指し、自動運転はその一翼を担える技術開発だと思っています。ぜひ、若い人たちに意欲をもってかかわって欲しいし、この分野が日本の基幹産業になっていくのではないかと思っています。

また、自動運転技術については、機能を熟知していただき、正しく利用していただくことをもっと伝えていきたいと思っています」

と、自動運転技術へのより深い理解を求めている。

セレナのプロパイロットを体験して思うのは、加減速はもちろん、ハンドル操作が実に滑らかで、快適な走りをもたらすことである。つまり、安全性を高めるだけでなく、ほかの付加価値もついてくるということだ。

車線の真ん中を維持しながら、車線に従ってカーブを曲がっていくプロパイロットの操舵は、人が運転するよりずっと自然で滑らかである。多くの運転者にありがちな、カーブでのハンドル操作の遅れや、それを取り戻すための過度な切り込み、それによって生じる切り戻しといった余計な操作が行われないため、なかでも同乗者にとっては体の揺れが少なくなるはずである。それによって、無用な力みもなくなり、車酔いの可能性も減るのではないか。とくにミニバンのように3列目の座席があり、車体の動きが大きく影響しやすい着座位置での不快な乗り心地が解消されていく可能性がある。

運転する人だけの運転の喜びを求めるのではなく、同乗する皆が快適で、クルマで出かける喜びをいっそう実感できる可能性をプロパイロットは備えていると思う。

なおかつ、続いてプロパイロットが搭載されたエクストレイルでは、セレナ以上に成熟が進み、より自然な加減速とステアリング操作へ進歩していた。しかも、セレナに比べモーター駆動で加減速する領域の多いエクストレイルのハイブリッド車は、モーターによる加減速の素早さと立ち上がりトルクの大きさとによって、自動操作の行動を起こす前の状況の読み取りがより的確になったと感じた。その分、利用する際の安心も高まる。セレナでの市場導入から1年を経ぬうちに、実感できる進化を体感させたのである（図４）。

安全は、交通社会にとって第一の要件ではあるが、それを実現する技術や社会が訪れることによって、クルマ

図 4　ハンドルに集約されたプロパイロットの操作部。分かりやすく自然な自動操舵は多くの顧客に認められ、販売台数を伸ばしている。それは運転の楽しみを阻害するものではないという評価にもつながるかもしれない

を今まで以上に快適に利用できる機会が増えることへの期待も実は大きい。自動運転技術が、完全自動運転をもたらしたとき、それは決してつまらない自動車社会の訪れではないと想像する。

Chapter 8 トータルセーフティの追求
HINO Pursuit of the Total Safety

安全のフロントランナーを目指して

日野自動車株式会社

2003 年の初夏、高速道路でトラックによる事故が重なった。
トラックの安全性に社会の目が集まり、警察庁、国土交通省が動いた。
日野は 1998 年から衝突安全を含めたセーフティプロジェクトを始めていた。
運輸の安全についてフロントランナーになるとの決意からだった。
そこには日野の安全哲学が息づいている。

2003年6月から7月
トラックの事故が多発した

2003年（平成15年）は、トラックの事故に関する数々の動きがある年だった。

その年の6〜7月にかけて、高速道路上でのトラック事故が頻発し、二つの月をまたいだわずか12日間で、トラックが関与した事故による死傷者が急増した。このため、警察庁はトラック協会への指導に乗り出した。

その直前の4月には、1990年に施行された貨物自動車運送事業法（トラック事業法）が初の改正となり、営業区域規制と、運賃の事前届け出制が廃止され、規制緩和が進められていた。同時に、チェック体制が強化され、運転者の乗務途中での点呼や、運行指示書の携行が義務付けられている。そのような環境下で6〜7月のトラック事故は、注目を集めざるを得なかった。

その後、国土交通省は、9月に大型トラックへの速度抑制装置の取り付けを義務付けた。また経団連も、秋には安全運送に関し荷主としての行動指針を策定する。事業者の安全性を評価して公表する安全性評価事業が始まり、その年の暮に、全日本トラック協会は全国1676事業所を安全優良事業所として認定した。

高速道路における死亡事故の約1／4を大型トラックが占め、その過半数が追突事故という実態があり、世の中全体がトラック事故防止と安全性向上に動き出した年といえた。

日野自動車は、安全のフロントランナーとして、交通事故死傷者ゼロを目指している。電子制御部第一電子設計室長であり、衝突安全設計グループ長を兼任する小島信彦は、

「安全への意識が高まりを見せるなか、衝突安全を含めたセーフティプロジェクトが'98年に社内で立ち上がりました」と振り返る。

技術研究所車両研究室長の秋山興平も、

「2000年代に入って予防安全技術の開発を加速させた」と話す。

日野の安全への取り組み

そして日野は、商用車用の被害軽減ブレーキシステムの商品化で世界初となる〝プリクラッシュセーフティ〟を大型トラックに設定し、'06年に発売した。これは、ミリ波レーダーを用い、万一の追突を早期に判断し、警報音とブレーキを作動させる安全装置である。

秋山は、

「国土交通省が推進する先進安全自動車（ASV）推進計画に日野は第2期（'96年からの5か年計画）から参画し、2000年には安全運転支援システムを搭載した実験車を仕立て、テストコースでデモンストレーション走行を行いました。被害軽減ブレーキの検討は、ここから始まっています。

日野の安全の取り組み方針ですが、高速道路上で発生する追突事故や横転事故など大型車の重大事故や人身事故を防ぐことを最優先課題として位置付けています。

歩行者検知機能付衝突回避支援タイプのプリクラッシュセーフティ（PCS）、ビークルスタイリティーコ

図1　車両運行にかかわる総合的なサポート「トータルセーフティ」。疲労軽減、集中力維持、挙動安定、衝突回避、被害軽減の視点から開発・実用化を進める

ントロール（ＶＳＣ）、左右バランスモニター、車両ふらつき警報、車線逸脱警報は、こうした考え方にもとづいて開発をスタートさせました。今後はさらに、物損事故やヒヤリハットの領域に目を向けた安全の取り組みを進めていきたい」と、安全に関する開発の全体像を解説する。

日野では、安全な運行を総合的にサポートする、トータルセーフティ思想ＣＡＰＳ（キャップス）の考え方にもとづき、安全の基本となる視界確保や、運行前の安全の確保などを含め、あらゆる段階で安全運転を支援するシステムを実用化している（図１）。たとえば、〝ワイドビューピラー〟は、ピラーの断面形状を工夫することにより、視界の妨げとなる妨害角を小さくし、交差点での歩行者などのより早い認知を助け、事故の防止に貢献することを狙って開発した独創かつ基本となる安全技術だ。

〝左右バランスモニター〟は、トレーラーにコンテナが搭載された際の荷重変化をトリガーに、トラクターの左右の傾きを計測し、運転者に知らせる機能である。これにより、コンテナ内の荷崩れなど横転のリスクが高いコンテナであることをドライバーに知らせ適切に対処することを促すことができる。

〝車両ふらつき警報〟は、操舵角センサがハンドル操作のふらつき具合を検出し、警報音を出して運転者に休憩を促す装置で、プリクラッシュセーフティと連携して作動タイミングを早め事故の回避を支援する。

〝車線逸脱警報〟は、画像センサで車線逸脱を検知し、警報により運転者に注意を促す。かつては１ｍの逸脱量に対して警報していたのに対し、現在は30㎝で警報を出すように改良されている。

乗用車より早くブレーキをかける そのために遠くを読まなければならない

そうした数々の安全機能のなかでも、日野が安全の最重点項目と位置付ける大型車の重大事故について、鍵を握るプリクラッシュセーフティでは、空荷と積載状態での重量差が大きいことが開発の難しさにつながっているという。シャシ機械設計部シャシ制御開発室長の一ノ瀬直は、

「空荷と積載それぞれの状態で、どちらの場合において

図2　空荷と積載状態ではおよそ３倍の車両総重量差になる。それでも同じように止まれるよう、ミリ波レーダーで検出したあと、タイヤロックぎりぎりでコントロールし、高い減速度でブレーキを掛けるようにしている

も同じようにブレーキを効かせられるようにするため、電子制御のエアブレーキシステムを搭載しています。大型トラックの場合でいうと、空荷で10トン、積載状態で25トンという重量差になります。中型トラックでは、空荷で4トン、積載状態で12トンと、およそ3倍の重量差になります。そうした重量の違いに対し、ミリ波レーダーが障害物を検出したあと、タイヤをロックさせることなく、高い減速度で安定したブレーキが掛けられるようにしています（図2）。

あわせて難しいのは、一般にトラック用タイヤのグリップ力は乗用車用タイヤに比べ低いため、その分早めにブレーキをかけ始める必要があります。また大型トラックについては、高速道路での事故を減らすことが最初の目標でしたので、ブレーキをかけ始める速度が高くなる分、より遠くから先の様子を判断し、ブレーキをかけなければならず、そこに難しさがあります」

この点については小島も、

「ミリ波レーダーは乗用車用のものを活用していますが、乗用車が利用していないような遠くのものを検知し、素早い判断をしなければならないのです。レーダーは遠くなるほどどうしても照射範囲が広がるので、いろいろなものに反射してしまいます。乗用車は、目標物に絞ってブレーキを掛ければいいですが、大型トラックでは遠方の複数の物標から追突の可能性を判断し、目標物を絞らなければならないことになります」と、難しさを具体的に説明する。

そこを、どう解決していったのか。

「とにかく、地道に走り込んで、レーダー波形から得られるデータと、状況を撮影した映像とを照らし合わせ、一つひとつ関係性を確認して精度を上げていきました」と小島は語る（図3）。

さらに、一ノ瀬は、

「直線だけでなく、カーブでもプリクラッシュセーフティを働かせることも考えなければならないわけです。運転者がカーブへ向けハンドルを切り込む前の段階で、ミリ波レーダーの照射の先にあるものが実は看板であっても、道路がその先で曲がっていることをレーダーは判別できないわけですから、それでもカーブした先の障害物に対し、遠くからブレーキを掛けるということは難しいのです」と難しさを話す。

図3　トラック、バスのタイヤは乗用車に比べグリップ力が低い傾向があるため、より遠くから障害物を検知・判断しなければならない

それについて、小島は、

「看板とクルマとでは、レーダーの反射の強弱が違うので、そこで判断します。とはいえ、軽自動車くらいの大きな看板では間違える恐れもあり、その点については、プリクラッシュセーフティの前に、追従機能付きクルーズコントロールを開発した下地が我々にはありましたので、その知見を活かして物を判別し、世界初という市場導入を果たせたと思っています」と、解説するのである。

加えて、一ノ瀬は、「運転者の操作と干渉することなく、遠くからブレーキを掛けるような作り込みもしています」と、補足する。

そうした大型トラックでの開発を基に、トレーラーを牽引するトラクターや、バスへの展開も計られることになる。

一ノ瀬は、

「トラクターでは、滑りやすい路面で自動ブレーキを掛けた際、トラクターヘッドとトレーナーがジャックナイフのように連結部から折れ曲がる状態になってはいけないので、姿勢安定制御（VSC）と組み合わせて導入するようにしています。

バスは、ブレーキを掛けることで乗客にどのような影響が及ぶかを考慮しなければなりません。たとえば、トラックのプリクラッシュセーフティでは、警報音と同時に運転者に危険を知らせる軽いブレーキをかけていますが、バスでは警報音だけで運転者に警告するようにしています。そこは、バス会社などにも意見を聞きながら進めました。

バスの警報音については、運転者にだけ聞こえるような指向性のあるスピーカーを使っています。警報音で運転者が適切な操作をすればプリクラッシュブレーキをかけることもないわけで、乗客に余計な不安を与えないためです。また、乗客がきちんとシートベルトを着用しているかどうかも、当初は考慮の対象としました。現在では、シートベルトをしている前提でブレーキを強くかけていますが、こうした点も、社会一般の認識を踏まえながら性能の作り込みを行っています」と、それぞれの特徴に合わせた開発の必要性を語る。

バスの警報音については、小島は、

「バスごと無響室に入れ、試験をしています。磁石の上に振動子を貼り付けた、コーンを使わない平らなスピー

図 4　観光バスのプリクラッシュセーフティをテストコースで体験する。相対速度 30km で接近、衝突を回避する

図 5　シートベルトをしている前提で乗客に衝撃を与えないぎりぎりのプリクラッシュセーフティを作動させるため、検知距離と判断、減速 G を最適化させるテストが繰り返された

カーを選んでいますが、それでも多少は音が広がるため、真っ直ぐ運転者に向かって音が出るようスリットの入れ方にも工夫をしています。そして運転者の耳元へ音が行くように取り付けています。それでも、最前列の座席の乗客には多少聞こえるかもしれませんが、2～3列目以降の乗客には聞こえないような音の出し方を決めるのに、1年くらいかかったでしょうか」と、バスならではの細かい配慮を語る。

今回の取材では、観光バスのプリクラッシュセーフティをテストコースで体験する機会が与えられた。初速の時速60kmから、相対速度で時速30kmとなる前走車への追突を回避する状況について、バスに乗車して体験した。緊急の強い制動であるとはいえ、体への衝撃をそれほど強烈に感じることなく作動の様子を実感することができた。乗客への影響に配慮をしながら素早く減速させ、なおかつ危険を回避する観光バスならではの乗客への影響を踏まえた作り込みの成果を体験することができた（図4・5）。

社内で垣根を越え一致団結した製品化

機能や性能を作り込む開発と同時に、生産財であるトラック・バスにおいては、原価低減も重要な開発項目となる。小島は、

「'06年に世界初としてプリクラッシュセーフティを発売したときは、まだ原価が高い状態でした。しかしその後、世界的にミリ波レーダーが使われるようになったのと、トヨタ自動車との関係から、乗用車と同じ部品を使用することで原価低減に弾みがつきました」

と背景を語り、一ノ瀬は、

「トラック協会による補助金やASV減税も、普及の後押しになりました。ほかにも、安全に積極的な運送会社にモニターになってもらうなどの活動も弊社で行っています」

プリクラッシュセーフティの普及については、お客様の協力に加え、社内でも開発だけでなく、実験や、営業、サービスなどあらゆる部門が一致協力して取り組んだ一例になっています」と、全社的な活動を紹介する。

以前は研究所に所属しプリクラッシュセーフティの開発に携わり、その後、電子制御とシャーシ開発の両部門で開発を横串的に見てきた奥山宏和は、

「'06年にプリクラッシュセーフティを市販した時点では、まだ社内でも必要性を問う声はあったと思います。しかし開発側では、電子制御、ブレーキ、実験の各担当が一致団結して取り組んできました。各部署が一つのグループのように仕事ができたいい例だと思います。

そして経営側も、出す以上は社会に対してどう売り込んでいくのかを考え、開発側に『売り方も考慮して開発するように』との指示がありました。ですから、部署間の壁のない開発ができたのではないかと思っています」

と、プリクラッシュセーフティの普及へ向けた社内の動きを振り返るのである。

また小島は、

「運送会社に、価格がいくらであれば装着してもらえるかなどもざっくばらんに聞いて、そこを目指して原価低減に取り組んできました。運送業者さんにしても、一つ大きな事故があれば大きな損害額になるので、安全装備への関心が高まっていったと思います」と、市場の変化を語る。

秋山は、

「安全装備は広く普及しないと意味がない。結果的に、まだ標準装備でないシステムも残っていますが、今後標準設定化をどんどん進めていく。それが、安全のフロントランナーを志す日野自動車のやり方です」と、話すのである。

大型に加え、小型トラックでも安全のフロントランナーであることを自認していると、小島は付け加える。

「事故形態として、小型トラックは市街地の低速域での人身事故が多いので、そこにメスを入れています」

秋山も、

「車の使われ方によって事故の特徴は大きく異なります。長距離輸送主体の大型トラックでは車両への追突事故が、市街地走行主体の小型トラックでは歩行者事故が最も多い。中型トラックが関与した事故は、両面の性格を持っている。中小型トラックに、歩行者検知機能付衝突回避支援タイプのプリクラッシュセーフティシステムを導入していくのは、自然な流れです」と、大型から小型へ、そして中型へと展開してきた道筋を紹介した。

小島 信彦 Nobuhiko KOJIMA
日野自動車株式会社
電子制御部第1電子設計室長
兼 衝突安全設計グループ長

秋山 興平 Kouhei AKIYAMA
日野自動車株式会社
技術研究所
車両研究室 室長

一ノ瀬 直 Naoshi ICHINOSE
日野自動車株式会社
シャシ機械設計部
シャシ制御開発室 室長

奥山 宏和 Hirokazu OKUYAMA
日野自動車株式会社
走行安全制御担当統括主査
兼 シャシ機構設計部 次長

商用車における自動運転とは

その先、自動運転についてはどのように見通しているのだろう。秋山は、

「自動運転技術を使って、安全性向上、輸送効率向上、運転者不足対策に貢献していきたいと考えています。中でも、運転者が運転中に体調不良を起こし車が暴走する事故を防ぐことが社会的に強く求められています。自動運転技術を使ってこうした事故を無くせないか、考え始めています。このシステムを実現するには、異常を検知する技術も必要になりますが、弊社の製品にはすでにドライバーモニターが搭載されております。現在は、常時カメラで顔の方向や眼の開閉状態を認識し、たとえば目を長い時間閉じている場合に警報音で警告したり、衝突の危険があればプリクラッシュセーフティを早期に作動させたりしています（図6）が、このシステムの機能を発展させてドライバーの異常を検知できないか考え始めています」と、当面の具体的な方向性を示す。

そのうえで、小島は、

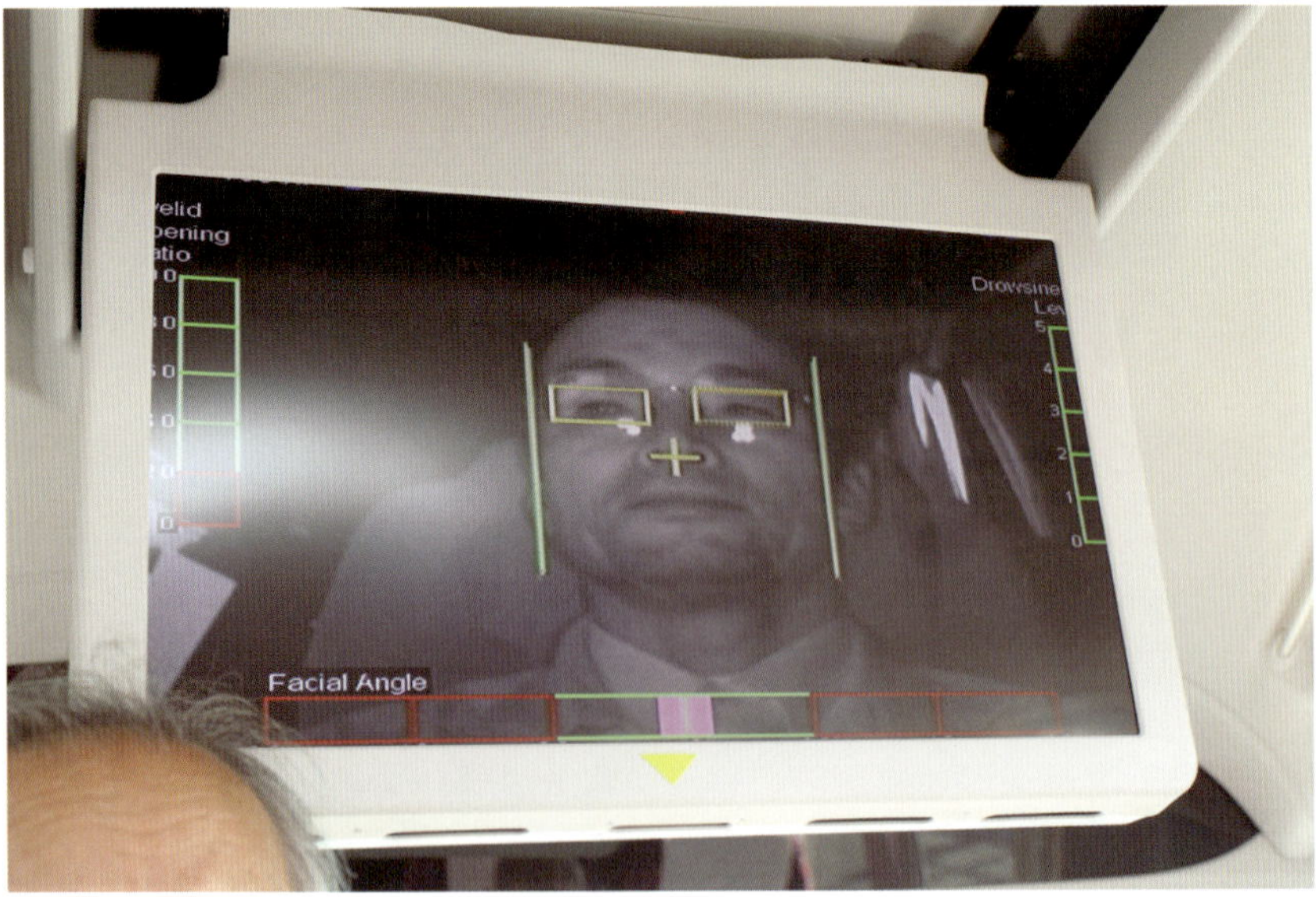

図6　すでに実用化されているドライバーモニター。顔の方向や目の状態をカメラで確認し、居眠りなどの異常を警告する。これはデッドマン・システムに発展させられる技術の一つとなる

「商用車における自動運転とは、利便性より安全を第一に目指すべきです。そして安全を確保していった先に、自動運転が見えてくるのではないでしょうか。たとえば、路線バスの自動運転を考えたときにも、周囲の人や自転車をまず確認できなければ安全な乗り物につながっていきません。

海外においても、やはり安全がなければ自動運転はできないと思います。アメリカは、トラックやトレーラーの走る距離が長いので、運送効率が注目されているようですが、ヨーロッパも隊列走行による疲労軽減が求められていると思うので、やはりそれは安全ということではないでしょうか。隊列走行について、日本では運転者不足を補うためということもいえると思います」と、安全優先であることを述べる。

アジア圏については、一ノ瀬が、

「EU法規で安全装備の義務付けが入っているので、アジアでも積極的に事故対応の動きは出ていくと思います」と見通す。

そして小島は、

「自動運転として国内では、まず路線バスの自動運転化が必要かと私は思っています」と言う。

日野には、コミュニティバスなどに利用が広がる小型路線バスがあり、そうした実績から浮かぶ構想であろう。

小島は、補足して、

「日本の場合、過疎地の路線バスへの要求が高まってくれば、そういうところからの導入がいいのではないでしょうか」と述べるのである。

近い将来における自動運転は、限られた条件内での導入になるだろうと、秋山は語る。

「町中を、自由自在に無人で走るというのはなかなか考えにくいでしょう。ただ、事業用のトラック、バスは運行形態が決まっているので、そこに自動運転を活用することはそう遠くない将来に実現できるかもしれません。事業車両の場合、社会基盤との組み合わせで自動運転は広がっていくと考えています」

自動運転の実現に対しては、どの自動車メーカーに聞いても簡単ではないと慎重な答えが返ってくる。一方で、運転者不足が懸念される大型トラック、過疎地での交通手段としての路線バスなど、社会からの要請は高まっていく様相にある。そこはまた、各社共通の課題認識でも

ある。

社会の期待にどう応えていくか、安全のフロントランナーを自認する日野自動車の動向は、これからも注目されていくのではないだろうか。

Chapter 9

Honda インターナビシステム

HONDA internavi System

差ではなく違いを世界初のカーナビから

本田技研工業株式会社 / 株式会社本田技術研究所

軍用技術 GPS のデータ公開はまだ不透明だった。
しかしホンダは自車位置の特定のための開発を開始した。
この困難な世界初の開発は、将来的な自動運転に必要になると信じたからだ。
その後カーナビは進化を遂げ、渋滞を避けるだけでなく、
災害時の誘導まで有効性が実証された。
自動車の将来像や、あるべき姿を求めた開発であった。

それはエレクトロジャイロケータから始まった

今日、多くの運転者が頼りとしているカーナビゲーションは、1981年（昭和56年）に、本田技研工業（ホンダ）が、アコードで実用化したエレクトロジャイロケータに端を発する。

エレクトロジャイロケータとは、ガスレートジャイロを使った方向センサと、走行距離センサを用い、道路上の自車位置を電子データに置き換えて、ディスプレイ画面上の地図に自車の位置や方向、走行軌跡を示すことにより、進むべき経路の選択を容易にした装置である。これが、世界初の地図型自動車用ナビゲーションシステムとして、2017年3月にIEEE（アイ・トリプル・イー）のマイルストーンに認定された（図1）。

IEEEとは、電気・電子・情報・通信分野における世界最大の学会で、アメリカに本部を置く。そのマイルストーンとは、開発から25年以上が経過し、地域や産業の発展に多大な貢献をした歴史的業績を認定する制度である。

エレクトロジャイロケータの誕生以来、ホンダのカーナビゲーションシステムは、双方向通信を通じて外部とのやりとりができるインターネット通信方式を採用したインターナビシステムへと進化し、さらにフローティングカーデータ（通信を行う車両から自動的に収集される走行データ）を用いた世界初の情報ネットワークサービスを加えることで、サーバを使った交通情報システムへと進化している。

どうすればコンピュータを自動車に使えるか

まずは、すべての発端となったエレクトロジャイロケータの開発から歴史をたどる。

当時、エレクトロジャイロケータの開発責任者を務めたのが高橋常夫だ。本田技術研究所に入社間もないころの出来事を振り返る。

「学生時代に半導体を作る研究をしていた私は、1972年に本田技術研究所に入社しました。'72～'73年というと、ちょうどインテル社の4ビットのマイクロプロセッサが電子卓上計算機の素子として造られて間もないころです。そして、コンピュータがいよいよ自動車に応用できる時代が訪れ、個人的に関心を持っていました。自動車技術会の技術講習会に顔を出し、原島文雄先生（エレクトロニクス部門委員会の創設者。当時、東大生産技術研究所助教授）の講義を聞いて、どうすれば自動車に応用できるかを学んでいました。

同じころ、研究所の久米是志専務が、ジャイロを自動車に積んで何か創れないかと、我々に課題を与えました。ジャイロを使うことで戦車の砲身が目標へ向かって常に向きを定めることを知り、応用できないかと考えられたようです（図2）。

久米専務は、社内では久米仙《くめせん》とあだ名されていました。あたかも仙人であるかのように抽象的な表現で我々に問題意識を持たせることが多々あったためです。

ジャイロと共にあったもう一言は、誘導という言葉で

図1　2017年、IEEE（アイ・トリプル・イー）のマイルストーンに認定された、世界初の地図型自動車用ナビゲーションシステム「エレクトロジャイロケータ」

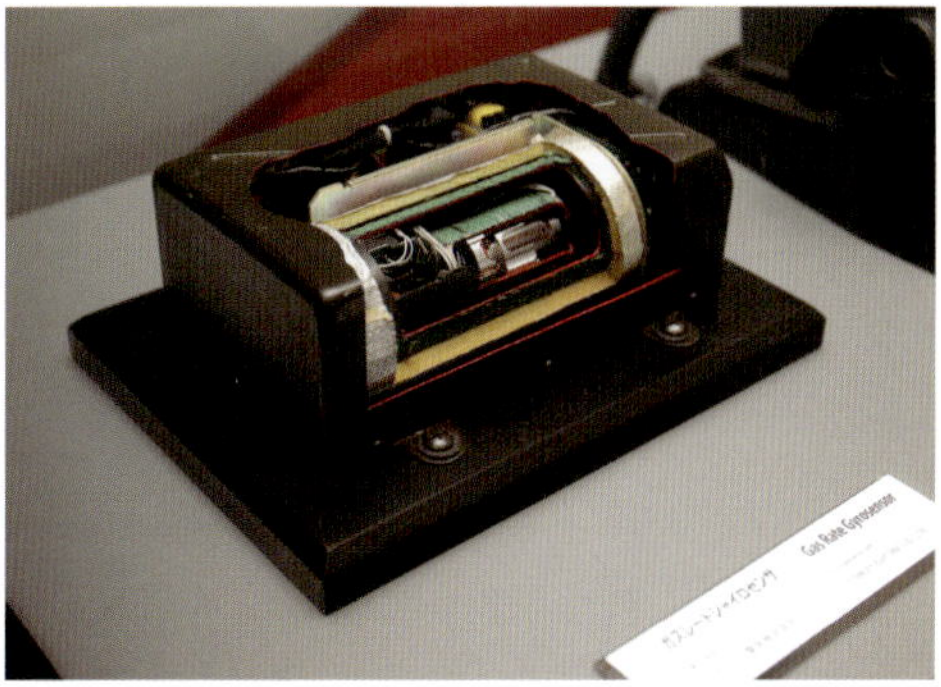

図2　久米専務のアドバイスを受けて自動車に使えないかと研究されたガスレートジャイロ。走行距離と照らし合わせ、自車の位置を特定する

した。ジャイロと誘導から、自動車でどのような新たな機能や価値を生み出せるか、電気や制御の担当者が集まって考えました。幾つかの案の中から残ったのが、エレクトロジャイロケータに至る研究開発です」

'70～'75年にかけて日本国内における自動車保有台数は、それまでの商用車中心から乗用車が上回る転換期にあった。'70年に商用と乗用の保有台数は870～880万台でほぼ横並びで、5年後の'75年には乗用車の保有台数が商用車の1.7倍となっている。その間、'72年にはホンダからシビックが売り出され、その前の'66年には日産からサニー、トヨタからカローラが発売されて、サラリーマンが買える大衆車の登場によりマイカーブームとなって、一気にモータリゼーションが発達した時代と重なる。

結果、交通渋滞や大気汚染、そして、交通戦争の言葉が生まれるように'70年は交通事故死者数が1万6765人と最悪を記録したのであった。自動車によるそうした社会問題の解決が求められた時代であった。国としても、'73年には、当時の通商産業省（現・経済産業省）により自動車総合管制システム（CACS）の取り組みが行われ、経路誘導システムなどの開発と試験運用が行われた。

今日のITS萌芽ともいえる状況があった。

「国も民間も、混雑した交通状況を改善したいという考えはありました。ところが、当時はまだGPS（全地球測位システム）の民間への運用は、いずれという先の長い話でしたから、ではどうするかということになり、国では交差点にサインポストを設けるなどの案がありました。けれども、全国すべての道路でというのは難しいことです。私は、GPSのデータが開放されて使えるのを待つか、違う方法でもまず挑戦するかという選択を迫られ、挑戦するほうを選びました」

エレクトロジャイロケータ開発のはじめの1～2年は、一人での研究であったと高橋は振り返る。

「地図シートの上に予定経路をペンで書いておき、ガスレートジャイロと走行距離センサを使ってコンピュータで現在位置を計算し、赤いLEDが動いて現在位置を表示する装置を試作しました。しかし、テスト走行をしているうちに、それでは何のためにやっているのか、価値を感じられませんでした。次の曲がり角までどれだけかというくらいにしか役立ちません。

その後ブラウン管に軌跡を表示するように変更しまし

た。そして、軌跡データをトランクに搭載したカセットテープに記録し、戻ってから半透明の紙に走行軌跡をプリントして、その下に紙地図を重ね合わせて照合する作業を繰り返しました。こうすることにより、どこで軌跡が道路からずれているかが分かります」

こうして、現在位置の精度を高めていこうと試みた。すると、道路の短い区間毎は軌跡と地図の道路とが一致するが、出発地点から到着地点までの長い距離の区間になると少しずつズレが生じ累積していることが分かった。

「ガスレートジャイロのドリフト（温度などの影響による信号のずれ）による累積誤差の影響が最も大きかったようでした。また、コンピュータの計算誤差、アナログをデジタルに変換するＡＤコンバータでの誤差などによっても徐々に軌跡がずれていきました。ダメかと思う反面、何を詰めていくかということも少しずつ見えてきたのです。つまり、走行軌跡が地図上の道路と合っている区間がいつもあるのですから、ズレた部分を時々地図に重ねて修正していけば、その先はまた地図と合う区間が続くわけです。ならば、誤差が累積したら人が合わせられるようにしよう」

図３　複数用意されたフィルム地図。地図上との誤差が生じたときに地図をずらして補正する方式を採った。右下はフィルム上で何度も消せるように特別に開発したマーカー

どこを攻めればいいか、攻めどころを決めたと、高橋は言う。そこが、この開発の山場であった。実際、エレクトロジャイロケータでは、複数の地図シートを装置に差し込み、操作部で走行軌跡の縮尺設定や回転・平行移動を出来るようにすることによって、若干のずれは操作または差し込んだ地図を動かして修正できるような構成となっている（図３）。

将来の自動運転のため自車の位置が分からなければならない

途中から開発に加わった中村之信は、開発の様子を次のように語る。

「ジャイロケータの開発が完了する直前に私は配属となり、高橋と二人で毎晩のように試験走行を繰り返しました。

入社間もない私が印象深かったのは、高橋も、その上司の田上勝俊マネージャーも、研究開発のビジョンを明確に持っていたことです。そして最終的には、自動運転が視野に入っていました。そのためにも、経路誘導するには現在位置が分からなければならないという目的がはっきりしていたのです。

'84年に高橋がまとめた論文に、そのことが明記されています。現在位置情報は移動体にとって重要であり、それに合わせて通信網を通じて情報が自動車に流される。また同時に、自動車の走行情報を集めることによって社会に役立つ情報にもなるという、今日のフローティングカーのような構想がすでにその論文に描かれていたのです。

ですから、エレクトロジャイロケータの開発に携わることに、当時の私に迷いはありませんでした。そうしたビジョンを、開発チームで共有していました」

久米専務からの言葉と、自身のコンピュータを活用したいという高橋の個人的な意欲によって8年近い歳月の末に完成したエレクトロジャイロケータであった。0から1を生み出す苦労を、高橋はどのように振り返るのか。

「テスト走行を繰り返すうち、ハンドル操作をすると地図上の現在位置と方向を示す丸印と十字マークが、ブラウン管上を右に左に向きを変える様子を見て、それがあたかも生き物のように感じられました。また同時に、自分の運転する自動車を上空から見ているような感覚が衝撃的でした。機械と人の一体感を覚えたのです。開発を終えたあと、さきほど中村が紹介した論文を書きました。

いま振り返ると、研究者として、技術者として、本質的な価値を深く考える習慣を身に付ける開発だったと思います」

半透明のフィルム地図からデジタルマップへ

続いて、中村がデジタルマップナビの開発を行うことになる。エレクトロジャイロケータでは半透明の地図を装置に差し込む手法だったが、地図をデジタルデータ化する作業である。

「高橋の後を受け、次に何をしなければならないか、やるべきことは分かっていたので迷いはありませんでした」と中村。だが、仕事の進め方で衝突が起きた。

「地図の作り方に関して、アナログ派とデジタル派で意見が分かれたのです」

アナログ派とは、紙の地図をレーザーディスクに入れるとか、マイクロフィルムに地図を収め液晶画面に投影したりカラーCRTに表示したりするといった手法である。それに対し、中村が主張したのが地図自体のデジタル化であった。

「結局、アナログ方式では基本的にエレクトロジャイロケータと同じことで、その電子版というだけでマップマッチングできないのです。実際、商品化の段階でアナログ方式は自動的な位置修正が不可能なので不採用となり、デジタル方式で出直すことになりました」

デジタルマップナビでは、商品化へ向けた作業を本田技術研究所の新井雅之が担った。

「配属となった段階で、すでに'90年秋の二代目レジェンドにカーナビゲーションを搭載することが決まっていたので、開発期間は限られていました。

和光研究所の研究段階から、栃木研究所で行う製品化の段階では、お客様にどのような価値を提供できるかが重要になってきます。使う上で不便だと感じられていたのが、目的地検索でした。またハンズフリー電話が機能に加わり、目的地に電話をして予約することも想定しました。

同時に、地図メンテナンスも続きます。道路は頻繁に更新されるので、現在もなお重要な開発項目の一つです」

地図については、高橋も当時の様子を語る。

「国は日本デジタル道路地図協会を組織し、国土地理院の基地図をカーナビゲーションで使えるようにしようとしました。また、デジタル地図フォーマットを標準化す

新井 雅之 Masayuki ARAI
株式会社本田技術研究所
四輪R&Dセンター
第8技術開発室 第2ブロック
主任研究員

中村 之信 Yukinobu NAKAMURA
元　株式会社本田技術研究所
四輪R&Dセンター
第12技術開発室第3ブロック
デジタルマップLPL

高橋 常夫 Tsuneo TAKAHASHI
株式会社エヌエフ回路設計ブロック
代表取締役社長

るために、'86年にナビゲーションシステム研究会（現・ITナビゲーションシステム研究会）が民間で発足しました」

　エレクトロジャイロケータで先陣を切ったホンダは、そのナビ研でも協調的に各社との調整を図っていった。そうした周辺の動きとともに、製品化への期日が迫ってくる。そうしたなかで、新井は、使い勝手の工夫を重ねていったと話す。

「マップマッチングで自車位置精度が向上すると、軌跡の道路からのズレがかえって目立つということが起きました。そこである時期から、軌跡は表示しないことにしたのです。また、自車位置の印も、進む方向を自車位置の丸い印の前に示すのではなく、後ろに三角形を付けるといった改良もしました。

　いざ市場に出してみると、我々開発者が感じていたことと、お客様が実際に触れて使い勝手を感じることとの間に落差があることに気づかされます。そうした要望や不満に対し、いかに適合していくかという開発になっていきます」

'93年にGPSが一般に使えるようになると、自車位置

菅原 愛子 Aiko SUGAWARA
本田技研工業株式会社
日本本部 営業企画部 営業戦略室
インターナビ事業ブロック
チーフ

柘植 正邦 Masakuni TSUGE
本田技研工業株式会社
渉外部
技術主任

小西 仁 Hitoshi KONISHI
株式会社本田技術研究所
四輪R&Dセンター
第8技術開発室 第2ブロック
主任研究員

仙石 浩嗣 Koji SENGOKU
本田技研工業株式会社
ビジネス開発統括部 テレマティクス部
サービス開発室　主任

の信頼性はいっそう高まっていくことになる。

「それまでは慣性航法だけでしたので、自車位置が海の上になってしまうようなことも起きましたが、これで信頼性が格段に上がりました」と新井。

ルート計算とルート案内への挑戦

地図のデジタル化と、自車位置の的確さが高まることで、装置としての機能は大きく進展した。そのうえで、顧客への価値の提供が進んでいくことになる。

「ここから、ルート計算やルート案内の要素が入ってきます。商品化のための開発でも、ここでは研究要素も多く、やりがいのある仕事でした。たとえば、『右です』と案内をしても、右カーブの途中に右折がある場合などには、何を指しているのか分かり難い場合が生じます。運転者にいかに分かりやすく案内できるか、そこが課題となっていきました」

あるいは、中村は、

「地元のお客様にしてみれば、周辺の道を良く知っていますから、なぜこんな遠回りをさせるのかといったことも出てきます」と、全国の道で最適な案内をする難しさも語る。

新井と共に開発を行っていた小西仁は、

「お客様からの不具合の箇所がどうしても気になり、退社後に現地へ確認に行ったことを翌日新井に話すと、自分もそこへ見に行ったと言っていたことがありました。お客様が実際に使われての不具合は、すごく気がかりで、新井も同じ思いで開発しているのだと知りました」と、開発への思いを語る。

レジェンドというホンダの最上級車種にまず搭載されたデジタルマップナビは、次にホンダ初のミニバンであるオデッセイに搭載されることとなった。家族のためのクルマというミニバンに採用するには、価格を大幅に下げなければならない。原価との戦いが始まる。小西は、

「1円でも安い部品を使い、従来と同等の機能を実現することが求められました。そこで、ガスレートセンサから振動ジャイロに部品を変更すると同時に、ガスレートセンサのときは部品単体で搭載されていましたが、カーナビゲーション本体に振動ジャイロを内蔵させることに取り組みました。

ところが、本体内蔵にすると通気が悪く、振動ジャイロの温度が上下しやすくなります。その温度の影響で、ノコギリの刃のように経路がジグザグになってしまうのです。冬にヒーターを入れるとその症状が出るのですが、ある温度を境に出たりでなかったりしたので解決に苦労しました。

ほかにも、地図を簡略化するため、点をつないで表示している道路の点の間隔を広げたら、湾曲した海岸線で海を走る軌跡になってしまったとか、GPSは入っていましたが基本的には軍用衛星を使うので、湾岸戦争の影響で精度を意図的に落とされているなどと、いろいろな

ことが起きました」と、様々な課題が持ち上がった。

交通情報とプローブカー情報

より廉価なカーナビゲーションが実現し、普及が始まると、次は交通情報を活用する段階に入っていく。この開発に着手した本田技研工業の柘植正邦は、「ここまでに、先輩方が精度のいいナビゲーションを開発していたので、次は、お客様からの要望として、いい経路で早く目的地に時間通りに着きたいということから、情報サービスを充実させようと考えました」と語る。

'96年4月から、カーナビゲーションを通じて渋滞や交通事故の情報を即時に提供するＶＩＣＳ（道路交通情報通信システム）の供用が始まった。柘植は、その運用開始へ向けた取り組みに、ＶＩＣＳセンターへ出向して3年間かかわったと話す。そして、

「ＶＩＣＳを活用することを考えましたが、ＶＩＣＳの供用は主要幹線道路のみに限られていたため、よい経路を選ぶことができなかったり、渋滞情報が中心で所要時間情報が少ないため、やはりよい経路を選べなかったりしました。そこで、プローブカー情報と渋滞予測に目をつけたのです」と言う。

プローブカー（これを、ホンダではフローティングカーと呼んだ）情報とは、実際の自動車が走行した位置や車速などの情報を用いた道路交通情報である。また自動車の走行状況などから、燃費や危険個所の把握など様々に用途が発展していくことになる。

「２００２年6月に道路交通法が改正となり、ここから民間で交通情報を集め、加工して提供することができるようになりましたので、プローブカー情報の開発が一気に進み始めたのです。'03年9月に発売となるシビック改良に搭載する目標で、開発期間はたいへん短かったのですが、研究所とは別に営業戦略の一環として開発が行われたため、営業の役員からも『世界初なら、真っ先にやるように』と激励されて、予定通り実用化し、渋滞予測についても1ヵ月後の10月のオデッセイの発売には実用化できました」

プローブカー情報がどれほど効果的かについて、従来のカーナビゲーションではＶＩＣＳ情報のみ使っていた

が、主要幹線の情報しかなく本当に適切なルートが出せないことや、到着予想時刻が渋滞などの影響で走行中に遅れがちとなることがあったが、プローブカー情報で適切なルートと渋滞予測をすることにより、出発時点で到着時刻をより正確に確認することができる。

当初、このプローブカー情報を用いるには、顧客の携帯電話を接続する必要があったが、'10年からPHSを利用したナビゲーション標準付帯の通信端末を用いることにより、顧客が設定作業をしなくても、納車されると同時にシームレスに通信サービスを利用することができるようになった。また通信端末代および通信費も無料としたことにより、プローブカー情報が大幅に増えることになる。

災害時に活用されたプローブカー情報

その間、プローブカー情報の有益なことは、様々に確認された。

'06年、防災科学研究所から問い合わせが来た。'04年に起きた新潟県中越地震における道路交通状況を確認できるプローブカー情報が残っているかという。その後、'07年に新潟県中越沖地震が、'08年6月には岩手・宮城内陸地震が発生する。そうした災害時に、プローブカー情報では、何らかの事情によって道路の途中でUターンしている様子などを即座に把握することができた。そうした実効性を自ら探るため、ホンダの開発者たちは行政機関へ直接効果を確認しに行ったり、道路規制情報を加えたりという実績を積み上げていった。そして、'11年3月の東日本大震災が起こる（図4）。

「地震直後に経済産業省から、他のメーカーと一緒に呼ばれ、その日のうちにグーグルの地理データのフォーマットを他社へも公開し、1週間後にITS JAPANを通じ、各社共同での一般公開をしました」と柘植は振り返る。

災害以外では、埼玉県の要請により急ブレーキの多発地点を提供したり、あるいは渋滞情報は大都市圏だけで必要であって、地方都市では災害情報や気象情報が欲しいという要望が出されたり、単に交通情報というだけでない、社会活動にかかわるプローブカー情報の提供にそ

の役目が広がってきている。営業戦略室でインターナビを担当する菅原愛子は、

「お客様が自動車を使った個人情報を取り除いた形とはいえ、通行実績情報として公開することは問題にならないのか悩んだ時期もありました。しかし、中越沖地震の後にアンケートをしてみると、回答の中に否定的な意見は皆無で、利用された方からはカーナビゲーションの情報を参考に被災地までたどり着くことができて助かったという声をいただき、ほかにも、実際には使わなかったけれども画期的な技術だと評価していただきました。

当初は、災害時などの行政に役立てていただけるのではないかと考えましたが、当時はプローブカー情報のデータ量も少ないことから、信頼性が確保されていない情報は行政では取扱いが難しいとのご意見をいただき、それならばお客様に直接役立つ情報にしていこうと方向性を定めることもできました」と語る。

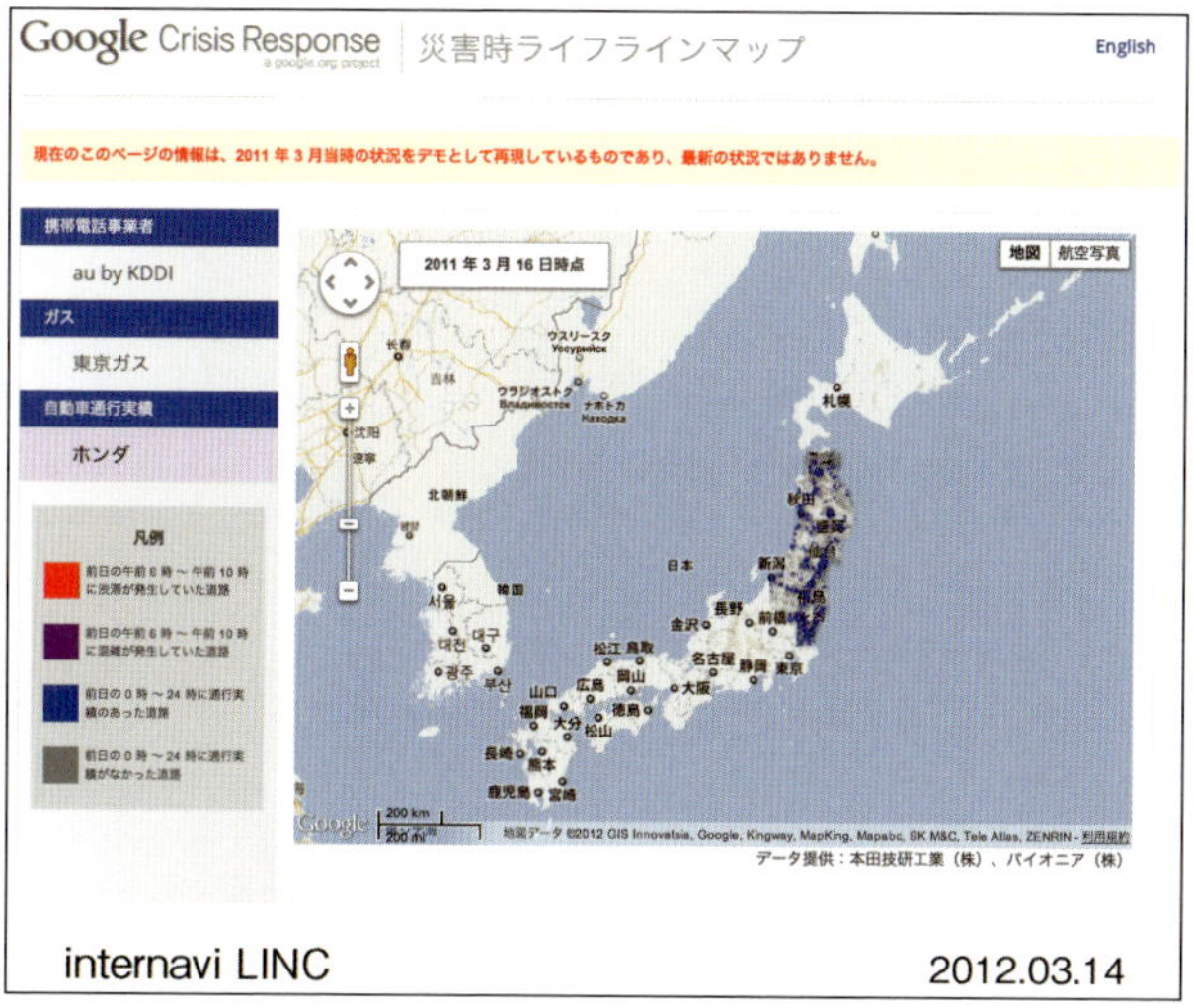

図4　Google 災害時ライフラインマップ 画面イメージ

自動運転のためのプローブカー情報

さらに、新車開発や、将来の自動運転へ向けても、カーナビゲーション開発で培われた知見や技術が活かされようとしている。テレマティクス部でサービスを開発する仙石浩嗣は、

「電気自動車開発では、市場での使われ方を集められる

ことによって現実に起こる課題を直接我々開発者が掴めたり、品質や整備性を高めたりすることにプローブカー情報の技術を活かせるようになっています。また販売店では、24時間365日お客様とつながっていることを土台に、コールセンターでの問題解決や、ロードサービスへの対応、あるいは定期点検情報などの連絡などにも活用できるようになりました」とその展開を紹介する。

自動運転について、小西は、

「車両センサがあればいいのではないかとの声もありますが、センサでも見えないところは分からないですし、人は道路地図を思い描きながら運転しているので、やはりここでも地図が重要だということになってきます。

従来の地図の考え方では、道路と言えば一本の線でした。しかし自動運転に対応するとなると、車線を区別できなければなりません。車線の幅は3.5mで、これまでGPSのずれは5mを許容してきましたが、それでは精度が不足です。せめて1m単位の精度でなければ車線を認識することができません。

また、地図は日々、古くなっていきます。自動運転のためには、プローブカー情報から地図を更新するようなことをしていかないと、完璧な地図の実現は難しいでしょう」と話す。

かつてホンダは、地図が新しくなると即座に更新する開発に取り組み、年に4回更新することも試みたが、新しい道路が開通してすぐに地図情報を新しくするためには道路計画の段階で道路局から情報を入手して処理し、内容の正確さを検証し、ナビゲーション用に適応するための時間と手間が膨大であった経験を持つ。

「地図は、鮮度と精度が重要」と、新井は言う。

エレクトロジャイロケータの研究と開発が始まった'70年代初頭は、自動車の排ガス対策と、交通戦争と言われた交通事故対応など、自動車の性能そのものを大きく改善する喫緊の課題に迫られていた。そうしたなかにも、自動車の将来像やあるべき姿を求め、また船や飛行機では当たり前のように必要とされる航法という分野が自動車では活用されずにいたことの気付きから生まれたカーナビゲーションに至る開発は、創意工夫を尊び、「差ではなく違い」を追い求めたホンダの真骨頂といえる成果であったといえるだろう。

Chapter 10 魂動デザイン

MAZDA KODO Spirit

クルマは美しい道具でありたい

マツダ株式会社

マツダはバブル時代の多車種展開がたたり経営難に陥った。
フォードの傘下となることで、マツダは改めて自らを問う。
何がマツダの強みで、どんなブランドとなるべきなのか。
導き出した答えは、性能や品質などの技術的価値と、
感性的なエモーショナルな価値、すなわち意味的価値であった。
それがSKYACTIVであり、魂動（KODO）デザインだった。

One & Only のブランド価値経営

いくら性能や機能が優れていても、デザインが良くなければ心はときめかない。しかし、自動車デザインを言葉で語るのは難しく、好きか嫌いかしか言えないことは多い。マツダはそこに、「魂動」という言葉を与えた。そしてそれは、英語表記でも「KODO」と、日本語の発音で表す。

デザイン本部の中牟田泰は、

「現在マツダは、いつまでもお客様に愛され続けるOne & Onlyのメーカーでありたいとの思いから、ブランド構築を重視した『ブランド価値経営』を全社で展開しています」

と語り始めた。

「台数至上主義から転換し、ブランドの価値を上げることにより、強く支持してくださるファンを作り、それを通してビジネスを成長させ、企業の価値を高める経営の考え方です。

では、マツダのブランド価値をどのように築くのか。

そのためには、性能や品質などの機能的価値だけではなく、感性的なエモーショナルな価値、すなわち意味的価値をしっかり創る必要があります。ブランド価値を実現するための意味的価値が、技術ではSKYACTIVであり、デザインでは魂動（KODO）なのです。そうした理想を追求することから、ブランド価値を築く取り組みを始めました。

デザインについては、〝クルマは美しい道具でありたい〟との理想を掲げました。美しい道具であることによって、お客様の生活や感性を豊かにしたい。また、「愛車」という言葉があるように、クルマはお客様にとって愛されるべき身近な存在であってほしい。ならば〈生きている〉ことを表現する、つまりクルマに命を与えることが我々の目標になると考えました。クルマは人の手が生み出す命あるアートであり、心高ぶるマシンでありたいとの想いから生まれたのが「魂動」というデザイン哲学です」

と、魂動（KODO）デザインの背景を説明する。

野生動物の動きはなぜ美しいのか

そして生まれた、魂動（ＫＯＤＯ）デザインとは、「マツダのデザインの歴史を振り返ると、それぞれの時代で美しいデザインを追求していたと思います。そのなかでいつの時代も核となっていたのは、ダイナミックな躍動感など『動き』の表現です。それがマツダデザインのＤＮＡだとしたら、究極の動きとは何か？　そこに挑戦してみようということになりました。

我々が注目したのが、陸上で最も速く走ることの出来る動物、チーターの動きです。野生動物の動きはなぜ美しいのか。その答えを求め、チーターの動きを観察すると、どのような速さで走っても、また右や左へ動いても、軸がぶれない。芯が通っている。そこでチーターが後ろ足でしっかり地面を蹴って前へ進もうとする力強い動きや姿勢を分析し、フォルムだけでなく、骨格を含めた全身での動きを表現したオブジェを作りました。生き生きとした美しい動きを与えることにより、鉄の箱（クルマ）に命が宿ったようなデザインが生まれ、人とクルマ

図1　チーターの躍動感、美しさから生み出されたデザインスタディ「靭（SHINARI）」。ここから骨格／リズム／光の質感／表情の四つが研究され、発展していった（写真／マツダ）

が、もっと心を通じ合えるような関係になるのではないか、と、前のデザイン本部長を務めた前田育男（現常務執行役員）と話したのです」

具体的に、魂動（ＫＯＤＯ）デザインとはどのような表現であるのか。

「チーターのオブジェを、クルマの形に織り込む作業をし、そこから生まれたのが靭（ＳＨＩＮＡＲＩ）というデザインスタディです（図１）。魂動（ＫＯＤＯ）の概念を採り入れ、私がチーフとしてデザインしました。命ある表現を、工業製品で行いたかったのです。

靭（ＳＨＩＮＡＲＩ）を具現化する際の要点は、骨格／リズム／光の質感／表情の四つです。

骨格は、マツダ車であることがすぐ分かるように、後ろに荷重を掛け前へ飛び出すような勢いのある姿勢が重要です。そのために、客室が後ろ寄りにあり、タイヤをフェンダーが手足のようにしっかり包み込むデザインとし、地面に踏ん張るようなスタンスを与えています。また、チーターの動きから学んだ、全身に一本のゆるぎない背骨のような軸を感じさせることも大切にしています。

リズムは、躍動感を表現するために必要です。前後のフェンダーが交互に動くようなキャラクターラインをつけています。それは車種によって異なり、デミオでは筋肉が動き出すように、アテンザでは伸びやかな速度感があるように変えています。

光の質感とは、ボディ面の造形により光を操るということです。光が大きく集まるところから急に細く光ったりすることによって、速度感や、筋肉が収縮するような繊細な動きを表現しています。

表情は、獲物を狙うアスリートを思わせる顔つきや、きりっとした瞳をフロントフェイスに与えています」

中牟田は、魂動（KODO）を採り入れた靭（SHINARI）デザインの内容をそのように具体的に解説する。

デザインプロセスの変革
デザイン本部全員アーティストたれ

こうしたデザインは、しかし、一朝一夕にできたわけではない。

「生きた形を生み出すには、それを創る人の精神が重要です。クルマを命あるアートに高めていくため、デザイン部の全員にアーティストたれと言っています。とはいえ、会社勤めのデザイナーが、どうすればアーティストになれるのか。そこが問題です。デザイナーはもちろんのことモデラーにも、自分の思いをぶつける意識づけをしましたが、それをやるにはデザインプロセスの変革が不可欠でした。

これまで、自動車のデザインというと、スケッチを描き、スケールモデルを作り、それをフルサイズモデルにし、そしてパーツをデザインするといった工程で仕事を進めてきました。それに対し、新しいデザインプロセスは、クルマをデザインする前の仕込みが大切だということで、まず美しいと思うひらめきや、速度感、動きなどをデザイナーが二次元で描き、それをモデラーが立体に変えてアートオブジェを作ります。できた幾つかのオブジェから、テーマに沿った美しい造形を用いてクルマにしていくのです。それによって最初に意識したデザインへの想いが、そのままクルマに活きるようになります。

ほかにもいろいろな挑戦をしました。アート活動といって、クルマ以外のプロダクツをデザインすることにも取り組んでいます。例えば2015年のミラノデザインウィークで発表した自転車（図2）は、すべて社内で手作りしました。自転車のフレームはうちのハードモデラーが鉄板を叩いて造形、溶接して仕上げました。このような活動を自分たちでやってみると、昔のものづくりに込められた情念のような、デジタルではできないものづくりへの思いが分かってくるようになります。素材を選ぶファブリケーターたちも、金属や、革、木などを用い、質感を作り込むアート作品を作っています（図3）。こうした経験を通して、インテリアの質感がよくなっていきました」

さらに、他社とは違うデザインを具現化出来た背景に、社内での共創活動があると話す。

「出来上がったデザインを量産車に落とし込んでいくには、設計者や生産技術との協力が不可欠です。デザイナーが意図をしっかり伝えることで、逆に生産現場からも、こうやればこの形が作れる、という提案をいただくようになりました。

マツダ車を代表するソウルレッドの車体色も、生産技術や塗装技術、塗料メーカーの方とデザイナーが一緒に共創することで、鮮やかさと深みを兼ね備えた独自の赤を素材から作り出し量産することができました。

衝突安全や軽量化についても、デザインに合わせて要件を入れるようにしてくれています。ロードスターが美しい姿になったのは、デザインの力だけではなく、部門の壁を越え全社が一丸となって意味的価値の創出に取り組んだからなのです」

発売を大きく遅らせても実現させたデザインコンセプト

そうした共創の取り組みも、すぐにできたわけではなかった。

「靭（SHINARI）のデザインコンセプトは、当時並行して開発していたアテンザとは全く異なる骨格が必要でした（図4）。それを変えるにはエンジニア達の膨大な労力と時間がかかってしまい、投資にも大きな負担があります。当然、社内では消極的な声が吹き荒れます。そこで当時のデザイン本部長の前田が関係部署に頭を下げ、あるいは専務の金井誠太（現会長）の英断により、

図 2　クルマ以外のプロダクトにも挑戦した。2015年のミラノデザインウィークで発表された自転車のスタディモデル「Bike by KODO concept」

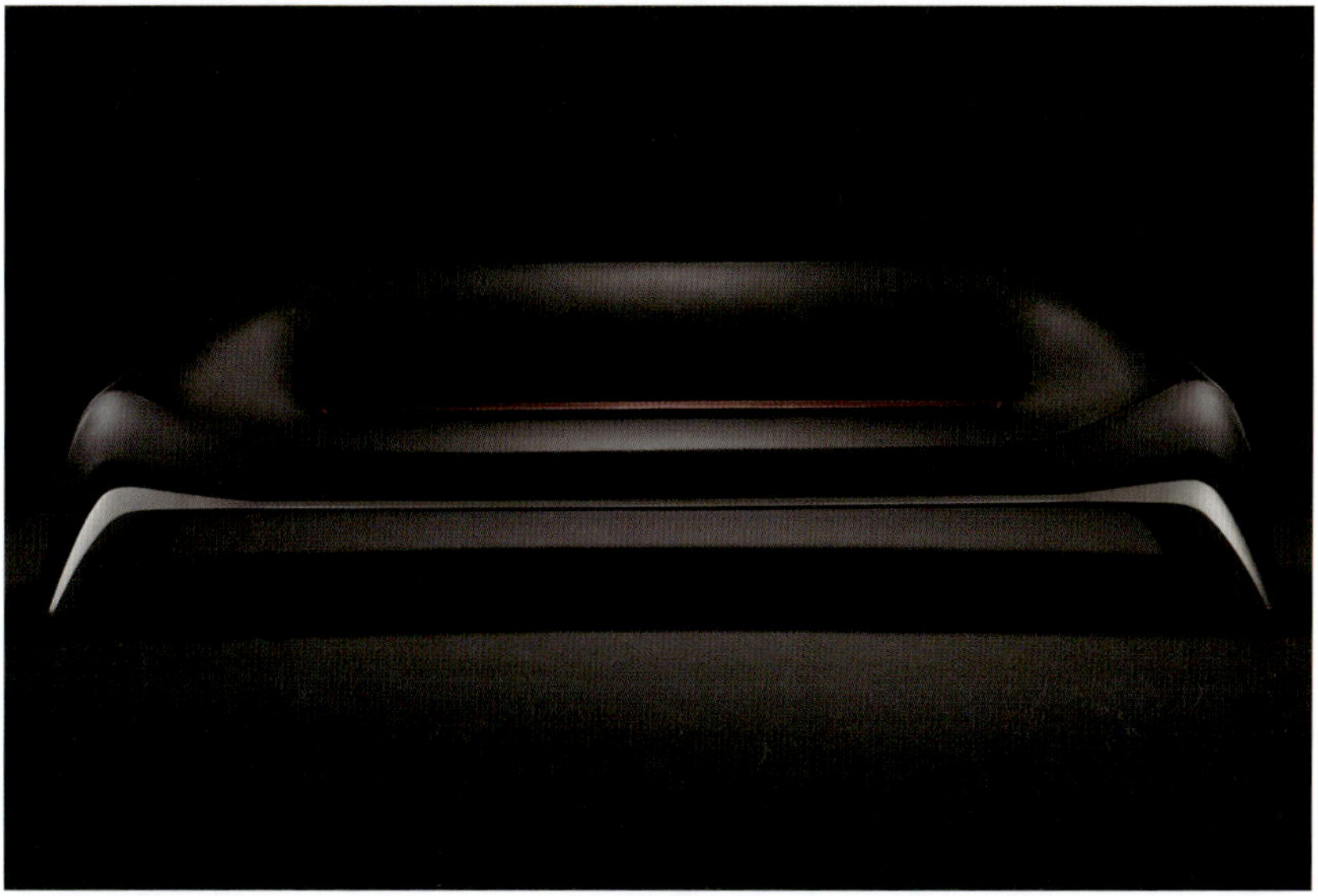

図 3　同じく2015年のミラノデザインウィークで発表されたソファのスタディモデル「Sofa by KODO concept」（写真／マツダ）

図４　靭（SHINARI）のデザインコンセプトは、2011年の東京モーターショーで発表されたコンセプトモデル「雄（TAKERI）」を経て2012年にアテンザとして市販が開始される（写真／マツダ）

デザインテーマの変更が承認され、結果、アテンザの発売は当初の予定より大幅に遅れることとなりました。しかし、そんなデザインのわがままに対し、開発や生産の人たちが頑張ってくれたのは、最初に靭（ＳＨＩＮＡＲＩ）を見た瞬間の感動と、そこから自分たちが変われるかも知れないという夢を共有出来たからだと思います。

また、この靭（ＳＨＩＮＡＲＩ）というデザインスタディがアテンザ（図４）となって量産につながるのを目の当たりにし、さらにアクセラやデミオにも魂動（ＫＯＤＯ）デザインの考え方が活かされ、市場から高い評価をいただくことで、デザインのやろうとしていることを開発や生産側の方たちが理解してくださるようになり、そこからデザインのためになんとかしてやろうという気持ちが定着していったのだと思います。」

魂動（ＫＯＤＯ）というデザインの方向性が定まり、量産車への展開が始まると、それをブランドにつなげる戦略が続いて行われた。

「靭（ＳＨＩＮＡＲＩ）をきっかけとして、現在の新世代商品が次々に誕生します。あえて似せた顔つきを与え、イメージカラーも車種を問わずソウルレッドの赤に統一することで、マツダらしい強烈な個性を、一貫性、継続性を持って訴求し続けました。マツダのような小規模な自動車メーカーは、群れで戦わないと、ブランドの存在感を高められませんし、大きな自動車メーカーに負けてしまいます。

その結果、どのモデルを見ても、一目でマツダ車だね、と言っていただけるようになり、日本・カー・オブ・ザ・イヤーやワールド・カーデザイン・オブ・ザ・イヤーを初めとした多くの賞を戴くことが出来ました」

そのうえで、ブランドとしての一貫性をもたせるため、マツダ様式美の統一から、商品（自動車）のほか、店舗空間、企業の独自性（CI）や、ビジュアルの独創性（VI）を見せる広告宣伝を、すべてデザイン本部が監修することになった。

マツダ車を美しく見せるため、黒基調で統一された販売店は、マツダ車づくりの思想と同じ考えに基づいてデザインされている。また、アートというメッセージを伝えるため、アートイベントや美術館への車両展示なども行っている。

ブランド価値や独自性を振り返る転機

デザインに重きを置き、ブランドを構築しようとここに至るまで、マツダという自動車メーカー自身の独自性が不可欠であったのではないか。そこを、中牟田はどう感じ、どう見ているのだろう。

「マツダが、その時代ごとに美しいデザインを求めてきたことはすでに話しましたが、デザインの独自性とも言えるデザイン哲学を初めて掲げたのは、初代ロードスターや3代目RX‐7が生まれた1990年ごろの〝ときめきのデザイン〟です。一目見た瞬間に心を掴み、ときめきを与える、光と影が創り出す美しさを提唱しました。しかしその当時は、バブル崩壊など経営的な側面もあり突き詰めることができませんでした。

その後、マツダは経営危機に陥り、フォード傘下となったのですが、これがマツダのブランド価値や独自性を振り返る転機となりました。当時フォードは、マツダのほかにも、ジャガー、ランドローバー、ボルボなどを傘下に収め、各ブランドの特徴とそれぞれの立ち位置を明確化することが課題でした。そこで彼らに問われたのは、何がマツダの強みで、どんなブランドになるべきかということです。これがブランド戦略策定のきっかけになり、子供の時に感じた動くことへの感動やワクワクする心を表現した〝Ｚｏｏｍ－Ｚｏｏｍ〟というブランドスローガンが生まれました。

過去の歴史に敬意を払いながら、それを超えるような挑戦と、広島のものづくりの思想をこだわり、小さな自動車メーカーであるマツダができることをみんなで考えました。技術についてはＳＫＹＡＣＴＩＶとなり、デザインが魂動（ＫＯＤＯ）となっていったのです。それらが必然的に合体し、今日の商品群につながりました」

一括企画というマツダの新商品企画

とはいえ、２０１２年の新世代商品群第1弾、ＣＸ－5の誕生から間をおかず、たちまちロードスターに至る6車種へ魂動（ＫＯＤＯ）デザインが展開できたのはなぜなのか。同じことは、'10年に正式発表されたＳＫＹＡＣＴＩＶの技術も同様だ。車体の大きさや車種の違いもあるなかで、わずか4年での技術展開であった。

「新商品の発売日が決まり、そこから逆算される量産開発日程は以前と同様で、時間の制約があることに変わりありません。しかし、量産開発に入る前には、すでに述べた仕込みのステージがあります。そこで各車種のテーマをしっかり煮詰めたあと、技術的な成立性を見ながら、車種ごとのデザインを作り込んでいきます。このテーマ検討で効果的だったのが一括企画という商品企画の考え方です」

一括企画とは、マツダ社内の開発、生産、購買のみならず、部品メーカーも一体となって、5~10年先までの全車種について予測をして企画し、商品や技術について論議をしながら立場を超えた同じ価値観で具体的な活動計画を立案することである。そして車種ごとに共通部分とは異なる部分を明らかにし、量産効果と、生産工程の柔軟性で適応していく。

この一括企画の考え方はデザイン開発にも採り入れられ、先の見通しをつけやすくなった。中牟田は、

「靭（ＳＨＩＮＡＲＩ）という将来ビジョンを最初に描

き、商品群としての統一感や継続性という大きな方向性は守りつつ、各モデルの独自性を活かしたテーマを模索する手法は、デザインにおける一括企画のようなものです。やはり、テーマを決めるには時間が掛かるので、量産開発の手前で時間をかけて詰めていきます。あとは商品ごとの担当デザイナーがテーマに沿って調整し、モデラーも造形の熟成に注力することにより、初期に描いた理想的なデザインテーマを限られた開発期間内で量産へ繋げることができるようになります」

中牟田 泰 Yasushi NAKAMUTA
マツダ株式会社
デザイン本部　本部長

日本固有の美意識をクルマづくりに

こうして、'12年のCX-5誕生からわずか4年という短期間に、魂動（KODO）デザインがたちまちのうちに、アテンザ、アクセラ、デミオ、CX-3、ロードスターと計6車種で展開された。そして消費者に認知されるとともに、マツダの業績も、'12年の124万台超から'16年の153万台超へ23%超の急速な伸びになっていった。

これから先、マツダのデザインはどのように発展していくことになるのだろう。

「魂動（KODO）デザインの考え方は変わりません」と、中牟田は言う。

「その上で、表現の手法をどう進化させていくかについて考え始めています。具体的には、魂動（KODO）デザインを、日本を代表するようなデザイン様式に引き上げたいと思っています。たとえば、ドイツにはバウハウスという合理的でモダンなデザインがあり、北欧には家具に代表されるような温かみのあるスカンジナビアンデ

図5　2015年東京モーターショーで発表された「Mazda RX-VISION」。要素を削り落とすことで緊張感や色気を持たせる。ある種和食のような「引いていく美」とも言える（写真／マツダ）

ザインがあるなど、欧州プレミアムブランドは国を代表するような独自のデザイン様式を持っています。一方、日本にも長い歴史の中で培われてきた、非常に繊細で崇高な美意識があります。我々はメイド・イン・ジャパンにこだわり、日本固有の美意識をクルマづくりに生かしていきたいと考えています。その一つの答えが'15年秋の東京モーターショーで公開した、ロータリースポーツコンセプト「Mazda RX-VISION」です（図5）。カタチを研ぎ澄まし、要素を削り落すことによって生まれる緊張感や色気に日本の美意識を表現しました。一見シンプルな造形ですが、光が当たるとすごくドラマチックに表情が変化していく、そんな繊細な生命感溢れる造形は日本の美意識につながると考えました。伝統工芸にも通じる『引き算のデザイン』は、人の手によってしか生み出すことができないと考えています」

中牟田は、再三、手で形を作ることにこだわりを示す。「日本には古くから、道具に命を与えるという精神論があり、創り手が想いを込めて作ったものには魂が宿ると言われてきました。人の手によって真剣かつ丁寧に創り上げられた造形には、研ぎ澄まされた精緻感と共に、人の手による温かみが感じられます。

近年の主流であるデジタルによる造形は、手で作るより速くきれいに仕上げることができたとしても、それだけでは我々が大切にしている生命感や、味わいまで表現するのは難しいと思います。デジタルはあくまでもツールの一つであって、大切なのは、効率ではなく、見る人を感動させたいという、造形に託す想いです。

このように工業製品であるクルマのデザインをＡＲＴレベルの美しさにまで高めたい、という想いを『ＣＡＲ ａｓ ＡＲＴ』というスローガンとして掲げました。

それはもちろん、アーティストの自己満足ではなく、お客様に美しいと言っていただけるものとして量産車で実現しなければなりません。デジタルやバーチャルに囲まれた社会において、精神的なストレスを抱える人が増えている中、これからますます心の豊かさが重要になってくるのではないかと思います。そのとき、我々が生み出す美しい道具によってお客様の心を奮わせ、生活や感性をもっと豊かにできたらいいと思っています。

そのために今後やっていかなくてはならないのは、あらゆる本質を追求する姿勢をもち続けることだと思います。そしていつの日か、日本の美意識に基づく本物の価値で、世界から尊敬してもらえるブランドになりたいですね」

これほどのことに取り組ませてくれる自動車メーカーはほかにないのではないかと、中牟田は言う。そして、マツダでデザインすることが楽しく、誇りに思えると話すのである。

Chapter 11 アウトランダー PHEV

MITSUBISHI MOTORS Plug-in Hybrid EV System

モーターは理想のパワートレインである

三菱自動車工業株式会社

ドイツを中心にプラグインハイブリッドの登場が相次いでいる。
しかしその先駆けとなったのは三菱アウトランダー PHEVである。
このクルマは当初軽自動車 EV、i-MiEV から開発が始まった。
ここで三菱はモーターのパワーレインとしての可能性に気がついた。
ピュア EV の台頭も見つつ、「発電できるクルマ」の将来性も見据えている。

PHEVを先駆ける

2017年1月時点で、三菱自動車工業のアウトランダーPHEVは、世界累計販売台数が12万台を超えている。日産自動車が世界累計20万台の電気自動車を販売している台数を追う勢いを、プラグインハイブリッド車は持ち始めている。

'21年までにヨーロッパで実施されるCO_2排出量規制(95g／km)の施行を前に、ドイツ自動車メーカーを中心にプラグインハイブリッド車の充実が進むが、アウトランダーPHEVは、その先駆けとなる存在である。

プラグインハイブリッド車は、エンジンとモーターを併用し、なおかつ電気自動車と同じように駐車中に充電を行うことにより、モーター走行距離をハイブリッド車に比べ大幅に伸ばしたクルマをいう。そして、日常的な短距離のクルマ利用では、モーターのみで走ることにより燃料消費を大幅に抑えることができる。

プラグインハイブリッド車はPlug-in Hybrid Vehicleという英語表記からPHVと短縮して表されることが多いが、アウトランダーはPHEVを車名とする。あくまで、電気自動車技術を基にした、プラグインハイブリッド電気自動車(Plug-in Hybrid Electric Vehicle)の意味が車名に込められている。開発の背景に、先に市場投入された軽自動車の電気自動車i－MiEVの技術があるからだ。

リチウムイオンバッテリの採用登場間もない

アウトランダーPHEVは、'12年10月にガソリンエンジン車のアウトランダーがフルモデルチェンジをしてから2ヵ月後の12月に発表され、翌'13年1月から発売された(図1)。その三菱がハイブリッドの技術開発を始めたのは、かなり早い段階であった。

開発本部EV・パワートレインシステム技術部の半田和功は、

「米国カリフォルニア州の大気資源局(CARB)へ、1992年からシリーズ式ハイブリッド車を提供していました」と振り返る。

図1　アウトランダー PHEV はアウトランダー（ガソリン）のフルモデルチェンジから 2 ヵ月後の 2013 年 1 月から販売が開始された

ハイブリッド車には、シリーズ式とパラレル式の区別があり、シリーズ式はエンジンを発電用に使い、走行はモーターのみで電気自動車のように走る。対するパラレル式では、エンジンもモーターも走行に利用する。これらを基本に、パラレル式の駆動方式を採用しながら、発電用としてもエンジンを利用するハイブリッド車を、シリーズ・パラレル式と呼ぶこともある。

'90年代初頭といえば、まだリチウムイオンバッテリが登場して間もないころで、'91年にソニーが携帯電話用に市販を開始したばかりであった。リチウムイオンバッテリは高性能である一方、過充電状態になると発熱や発火の恐れがあるとされ、実際、携帯電話やノート型パーソナルコンピュータではそうした事故が発生した。それでも三菱は、当時のシリーズ式ハイブリッド車で、早くもリチウムイオンバッテリを採用していた。

「ここで、リチウムイオンバッテリの良い点も、危険な側面も身に染みて体験しました」と半田は話す。

そして三菱は、安全なリチウムイオンバッテリということで、正極の電極に、民生用のコバルト酸リチウムに替えてマンガン酸リチウムという金属化合物を用いるリ

図2　アウトランダーPHEVの開発はこの2009年のi-MiEVがベースにある。ハイブリッドからEVへの切り替えがあった開発だったが、電気自動車の可能性に気づかされたモデルだった（写真／三菱自動車）

チウムイオンバッテリを開発、採用することになる。

究極のハイブリッドの模索とEVの可能性

'92年に米国のCARBに提供したシリーズ式ハイブリッド車は、発電用エンジンに圧縮天然ガスを用い、排ガス浄化性能を火力発電所の水準以下にする構想も併せ持っていた。

その後、'97年12月にトヨタからハイブリッド車の初代プリウスが発売となり、三菱でもパラレル式ハイブリッド車の構想が持ち上がった。だが、直噴ガソリンエンジンに無段変速機（CVT）を組み合わせ、リチウムイオンバッテリを搭載する構想は、原価が高く、燃費性能は必ずしも狙った数値に到達できずにいた。

そして改めて、究極のハイブリッド車とはどのような姿であるのか議論が行われ、通常の走行は電気自動車のようにモーターのみで駆動し、高速域ではエンジンの効率の良い回転数を使いながら走る、今日のプラグインハイブリッド車的な構想がまとめられようとしていた。しかし、これもまた、図面までは起こしたが、構想段階で棚上げとなった。背景に、経営面でのダイムラーとの提携などがあった。そして当面は電気自動車開発に集中する経営判断がなされたのであった。

半田は、

「私は、ハイブリッド車の開発に携わっていたこともあり、当時の技術水準では電気自動車はまだまだ実用にならないだろうと考えていました。また、市場においても、消費者が充電するという行為を受け入れられるかどうか未知数でした。しかしいずれにしても、究極の環境対応車である電気自動車の開発に集中するという社としての決断があり、ハイブリッド車開発を一旦凍結したので、私も電気自動車の制御開発を担当することになりました」

この電気自動車開発が、2009年の軽自動車の電気自動車であるｉ－ＭｉＥＶにつながる（図2）。

「電気自動車を開発していくなかで、リチウムイオンバッテリと永久磁石式同期モーターを使うと、思いのほかよく走り、こんなにいいものなのか、たいしたものだと思うようになりました」と語る。電気自動車の性能はハイブリッド車に携わってきた半田の想像を超えていた。

そして、ＥＶ要素研究部の本山廉夫は、

「それは半田一人の感触だけではなく、社内の関係者も電気で走る気持ちよさを知り、電気自動車はいけると思うようになっていきました」と、付け加えるのである。

ｉ－ＭｉＥＶが発売されると、その性能が高く評価された一方で、販売台数は思ったほど伸びなかったという。

「調査をすると、電気自動車のよさである滑らかで力強い走りや、静粛性、また排ガスゼロでクリーンであること、脱石油につながるといったまさに狙い通りの満足度が得られていることを確認できましたが、軽自動車としては価格が高く、またもう少し大きなクルマで遠出もしたいという声がありました。すなわち、ｉ－ＭｉＥＶのよさをより大型のクルマへも転用できないかという市場の要望があるのが見えてきたのです。そして、開発当初に私が懸念した充電をすることに対する理解は、時代の変化で問題にならなくなってきていると実感しました。

かつて考えていたシリーズ式ハイブリッドを応用できないかという思いが、ここで沸き起こったのです。

社内的にも、より大きなクルマの電気自動車化に対し、プラグインハイブリッドという手法が有効だとの認識がなされていきました。価格については、i－MiEVの部品を転用できるし、エンジン車に比べた割高感も、ある程度理解される市場動向になってきました」と、当時の様子を半田は説明する。

本山は、

「i－MiEVを体験した人はともかくも、世間一般ではまだ電気自動車への理解はそれほど進んでいなかったと思います。

しかし、三菱が他社に先駆けて電気自動車を市場に出したことにより、他の自動車メーカーに比べて早くその潜在能力に気づくことができ、また電気自動車の技術がプラグインハイブリッド車に転用できることも見えてきたので、開発に着手することができたのだと思います。i－MiEVの電気系統の部品がありますから、それらすべてを新しく開発してプラグインハイブリッド車とするのとは違い、商品にまとめられる目途が立ちました。

たしかに、当時はトヨタのハイブリッド車の人気が高かったですが、そこから距離を置いて、三菱独自の道を歩むことができました」と、電動技術の広がりを話すのである。

念頭にあったパジェロEV

ところで、アウトランダーPHEVは、SUV（スポーツ多目的車）の位置づけで、いわゆる4ドアセダンのような一般的な乗用車と異なる独特な存在の商品である。なぜ、SUVが三菱のプラグインハイブリッド車の第一弾となったのか。

半田は次のように説明する。

「軽自動車のi－MiEVを出したあと、今度は三菱の象徴的な商品であるパジェロで電気自動車を作りたいねという思いは、自然に起きました。開発の部門長からも、将来的に大型な車両の燃費規制が強まる見通しなので、次は大きく重い車両の電動化ができないかとの要請がありました。

パジェロを電気自動車とした場合、消費者の要望から走行距離の長さは当然求められることになり、同時にまた、大柄なクルマになることで車両重量が重くなり、電

本山 廉夫 Sumio MOTOYAMA
三菱自動車工業株式会社
開発マネージメント本部 技術企画部
担当マネージャー（技術統括担当）

半田 和功 Kazunori HANDA
三菱自動車工業株式会社
EV・パワートレイン技術開発本部 EV・パワートレイン開発推進部
マネージャー（EV先行開発担当）

蒲地 誠 Makoto KAMACHI
三菱自動車工業株式会社
EV・パワートレイン技術開発本部 EV・ガソリン制御開発部
担当マネージャー（EV制御開発担当）

力消費が増えるのでバッテリをより多く搭載する必要があります。そこで、プラグインハイブリッドという手法での電動化が、大きなクルマにはいいのではないか。それによって、もっとも小さな軽自動車での電気自動車化と、大きくて重いパジェロでのプラグインハイブリッドによる電動化ができれば、小さいクルマから大きいクルマまで最適な電動化技術を商品展開できると考えたのです。

　構想を練っていく段階で、パジェロのような本格的四輪駆動車は過酷な悪路走破性が重要であり、プラグインハイブリッドという新しい電動化の商品づくりとは少し方向性が異なり、また開発すべき新規項目をできるだけ絞り込みたいことから、四輪駆動車で、舗装路を主体とはいえ未舗装路も安心して走ることのできるＳＵＶで始めるのがいいのではないかという流れになりました」

　全くの新規開発において、要求される開発要素が多くなればなるほど、商品の完成度を高めるには多くの制約がかかり、一層の労力を要する。今までにない新しいシステムを開発する上で、適切な取捨選択による商品開発目標が立てられたと言えるだろう。

試作車に乗ると その実力は全員が納得した

　そのうえで、プラグインハイブリッド化へはどのような道筋が描かれていたのだろうか。半田は続けて、

「四輪駆動の実現では、せっかく電動化を行うので、エンジンから後輪へ動力を伝えるプロペラシャフトを無くし、後輪はモーター駆動で四輪駆動化をしようと考えました。

　試作車は、ｉ－ＭｉＥＶのモーターを後輪左右に一つずつ計2個用い（市販車では、前輪用と後輪用に一つずつのモーター配置となった）、ｉ－ＭｉＥＶのリチウムイオンバッテリをそのまま搭載し、前輪はエンジンで走り、またそのエンジンは発電用にも使う方式でした。

　この試作車がなかなかいい走りで、パリ～ダカール・ラリーの優勝ドライバーである増岡浩さんにも乗ってもらい、『とてもいい』との評価を戴きました。

　まずモーターで力強く加速し、電気がなくなってくると発電機が動いて再び力を増し、エンジンの直結クラッチをつなげばエンジンの出力も加わって加速が強まります。三段ロケットのようだと評判になりました。

　当初、ＰＨＥＶを車種構成に加えることになった二世代目のアウトランダー開発プロジェクト内では、プラグインハイブリッド車の導入にそれほど乗り気ではなかった面もありました。そこで、プロジェクトリーダーにこの試作車に乗ってもらい、『これは行ける！』となって、そこから開発が本格化したのです。このことから、現物を用意し、乗ってもらうことが重要だと認識し、以後、

社内のいろいろな人にも乗ってもらうことにしました」と経緯を話す。

社内での試乗は、たとえば、電動車両の開発に携わったことのない、エンジン、シャーシ、車体設計の担当はもとより、営業や購買、役員など、社内の多くの人たちを対象とした。

「実際に乗ってみると、滑らかな走りや、トルクのあるモーターの加速など、走りのよさが伝わり、このクルマはいいという実感を掴んでもらえたのだと思います」と半田。

その結果、各開発担当が一層熱を入れ、手を尽くすことになった。

「i-MiEVの際は、軽自動車の小さな車体に物を収めるといっても、エンジンの代わりにモーター、燃料タンクの代わりにバッテリというように、物を入れ替えることができましたが、プラグインハイブリッド車では、エンジンや燃料タンクはそのままに、追加でモーター、インバータ（図3）、発電機、そしてバッテリ（図4）を搭載しなければならず、いくら大柄な

図3　60kWを発生させるモーター前後に二つ、ジェネレータを組み合わせて搭載する。AYCの制御もやりやすいモーターはアウトランダーに新しい魅力を加えた

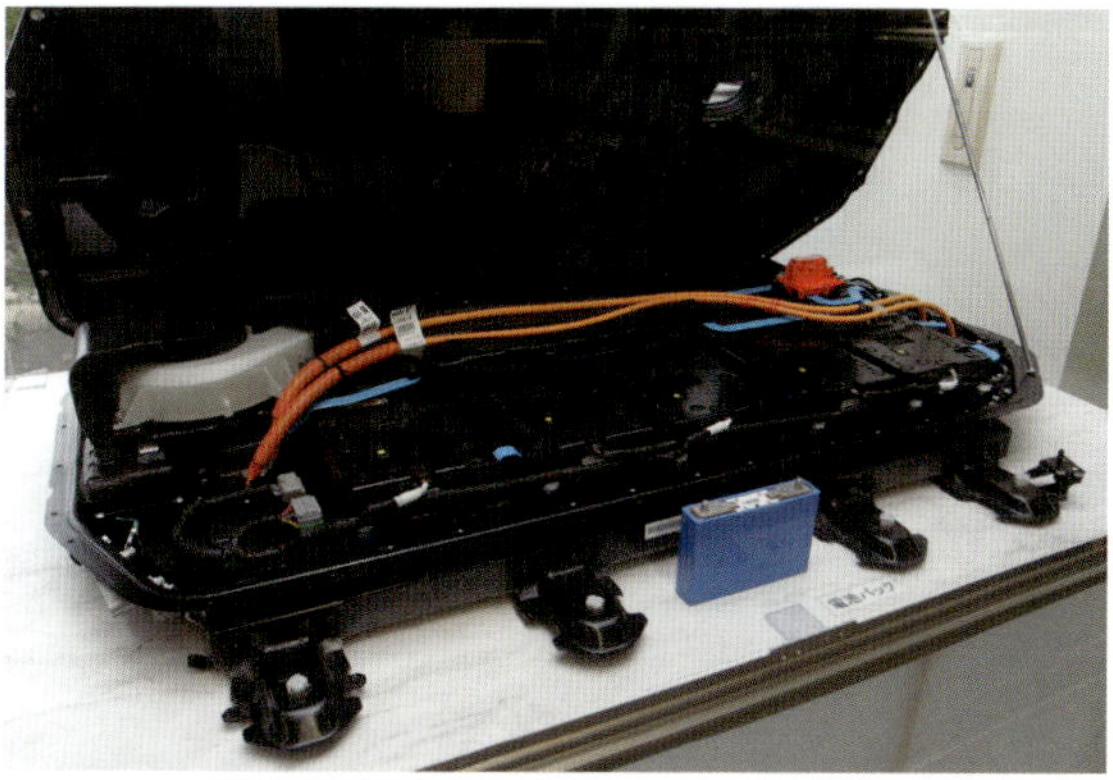

図4　i-MiEVのものを応用して搭載されたアウトランダー用のバッテリ。'90年代初め、実用化されたばかりのリチウムイオンバッテリをいち早く採用し、その知見が生かされている

SUVといえども、当初はとても乗せられる空間的余裕はありませんでした」と半田は振り返る。

モーターは究極のパワートレイン

'03年の入社以来ずっと電気自動車開発に携わってきたという蒲地誠は、

「後部の荷室下にインバータと充電器を搭載するため、i－MiEVより部品の寸法を小さくし、なおかつ後突の衝突安全性確保のため部品の取り付け構造を工夫する必要もありました。後突時に電気部品が壊れて感電してはいけないので、壊れても漏電しないように、実車とCADの両方を活用して、部品の取り付け構造を作り込んでいきました。

苦労した点でいえば、モーター走行を行う上で室内の静粛性が重視されることになりますが、電気制御を行うインバータからセミの鳴くような騒音が出て、これが案外耳に着く音なので、インバータと充電器の周りに音振動対策を施さなければなりません。しかし同時に、制御により発生する熱を逃がす経路も考えなければならず、高級車並みの商品性作りが求められました」と苦労を話す。

「1㎜単位で調整し、各部品を搭載していく作業の中で、パッケージングや車体、サスペンションなど、アウトランダー量産化の設計担当や、音振動対策に携わる人たちが、試乗体験をしたことによって開発を頑張ればいいクルマになるとの思いを強くし、協力してもらえたので商品化にこぎつけたのだと思います。そういうみんなの一致した姿勢がなければ、電動化の追加部品をこれだけ搭載することはできなかったでしょう」と本山は語る。

また本山は、四輪駆動制御において、モーターの利点に改めて気づかされたとも話す。

「ランサーエボリューションの開発で、前後トルク配分や、ヨーコントロールなどの制御を経験してきましたが、モーターは応答性が高く、開発してみると思い通りの制御を作り込むことができました（図5）。アウトランダーPHEVにも制御デバイスこそ異なりますが、ブレーキ制御によるアクティブ・ヨー・コントロール（AYC）の制御を入れることで雪道での安定性が実現でき、舗装路でのような気持ちいい走りを作り込めます。

　エンジンの応答性や、高性能エンジンによる熱の影響、トランスミッションの変速制御、4輪駆動のトルク配分の応答性など、エンジン車で苦労してきたことが、モーターだとすっきり動かすことができ、実験の担当者も含め電動化の大きな利点に気づかされました。

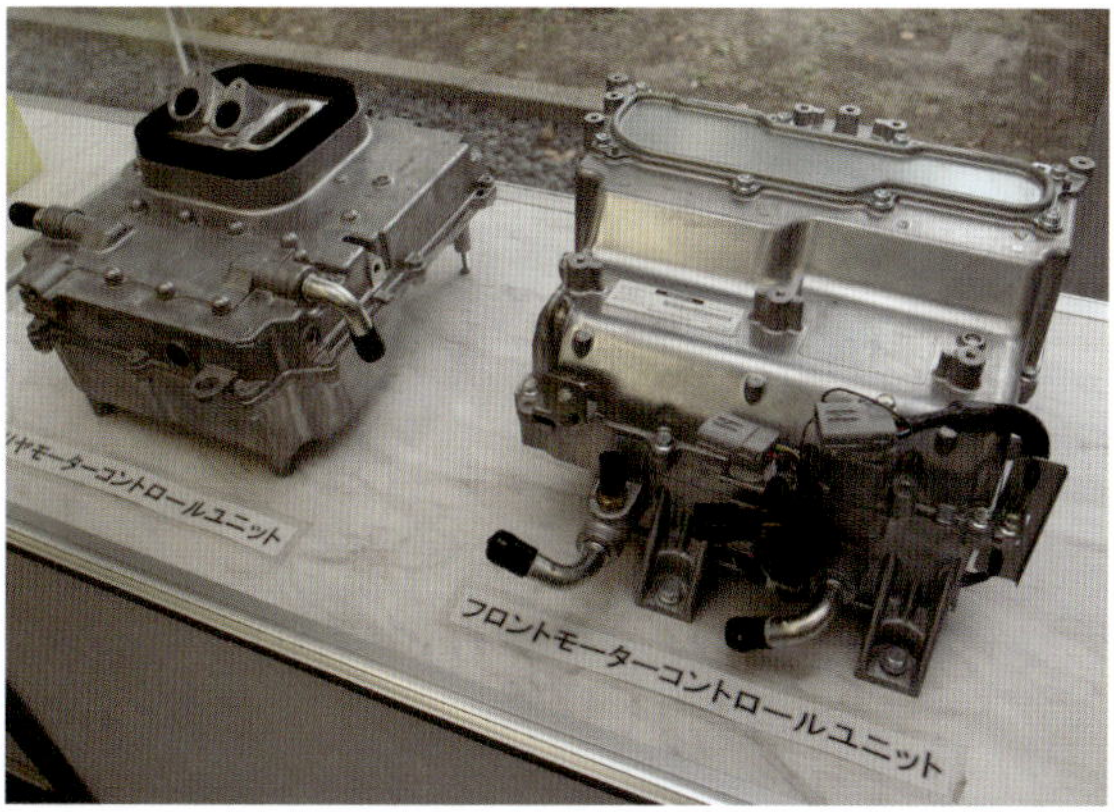

図5　フロントとリヤのコントロールユニット。緻密で応答性のよい制御ができたのはモーターならではであったと言う

　i-MiEVに乗ったとき、なぜ気持ちいいのだろうかと考えてみたら、パワートレインとしてモーターは究極の姿だということなのです。エンジンとトランスミッションのパワートレインが到達できない領域に、簡単に到達できる。たとえば、高級車の進化の過程を見れば、エンジンの存在を忘れるほど静かで振動がなく、アクセルペダルを踏み込めば大排気量エンジンのトルク特性によって反応よく、かつ力強い加速が得られる。エンジン車では非力でうるさく振動の出る軽自動車でも、そういうことが簡単に実現できてしまうのです。

　クルマのパワートレインの進化の方向は、まさに電動化にあるわけです」

PHEVが活躍する様々なシチュエーション

　アウトランダーPHEVが発売されると、その人気はたちまち高まり、電動車両の優遇策が充実する北欧では、何ヵ月も納車を待つ状況も生まれた。

　半田は、

図 6 アウトドアでも電気を供給できるという PHEV は様々に利用されている。三菱ではスターキャンプを開催し、様々なアウトランダー PHEV の電気の使い方を紹介している

「自宅の近所で購入してくださった方がいらっしゃって、初めは私が三菱の社員だということを知らず、いかにアウトランダーPHEVがいいかを熱心に、そして嬉しそうに話してくれるのです。まさに我々が開発で狙った通りの印象を持っていただけているのが分かりました。私が開発したと話すと、ではここはどうなっているのかなど、今度は質問攻めにあいました（笑）。この開発に携わることができ本当によかったと、凄く嬉しく感じた瞬間でした」と喜ぶ。

蒲地は、

「私は、電源として電力を供給できる1500Wの交流（AC）インバータの開発を担当しましたが、購入いただいたお客様が、大雪で孤立し、停電した際に、アウトランダーPHEVから電気を取り出して給湯器を稼働させられたという話を聞き、やってよかったと思いました」と達成感を語る。半田も、

「岐阜で大雪の際に停電があり、灯油のボイラが電気がないと稼働できず、アウトランダーPHEVから電気を取り出して火をつけ、湯を沸かし、風呂に入れてほっとしたということも聞いて、感動しました」と話す。

本山は、

「趣味でラジコン飛行機を河川敷で飛ばしていますが、ラジコン飛行機も電動化が起きており、隣のクラブの人が、電源があるクルマだと充電ができ、また弁当を温めたりコーヒーが飲めたりして便利だと話していました。ただし、ハイブリッド車では電気を取り出す際に常にエンジンを使って発電するので、燃費が極端に悪くなるとこぼしており、アウトランダーPHEVであれば近くの河川敷まで出かけて行ってもまだ電力は残っているので、より使い勝手がいいはずだと思います。

また、ラジコンの雑誌にアウトランダーPHEVの広告が掲載されるようにもなり、遠出をしてオートキャンプをするほど本格的でなくても、近隣で休暇を楽しむ際にも電気を取り出せるプラグインハイブリッド車は役立てるのだろうと思っています（図6）。

そのほか、自然の風景を撮る写真家の人が、車中泊することを視野にプラグインハイブリッドを選んでくださったという話を聞いたことがあります」と、プラグインハイブリッド車の様々な利用法を紹介する。

三菱では、スターキャンプというオートキャンプのイベントを夏に開催していたが、そこでもアウトランダーPHEVの電気をいろいろ活用して楽しむ人たちの姿があった。

エンジン車やハイブリッドとは違う価値観を持つ

この先の将来性については、どのような手応えを感じているのだろう。半田は、

「アウトランダーPHEVの開発をしているときには、電気自動車で足りないところ、たとえば走行距離の面を補うといった発想でしたが、お客様の手に渡ってみると、モーター走行後にエンジンが始動すると落胆するといった声が聞こえてきます。そこは私も同感で、電気自動車やプラグインハイブリッド車は、それまでのエンジン車やハイブリッド車と違う価値観があるということです。

そこに気づくと、エンジンが掛かればガッカリする。

将来的にプラグインハイブリッド車は、エンジンを使って電気自動車の足りないところを補える利点を活かしつつも、より電気自動車に近づいていく開発の方向性に

なるのではないでしょうか。実際、電気自動車は間もなく400~500㎞走行できるようになってくるでしょうから。

さらに、走るという以外の電気の使い方としてヴィークル・トゥ・ホーム（クルマから住まいへの給電）が出てくると思います。また原価もさらに低くなっていくと、一気に電気自動車への転換が起こる可能性があります。その中でプラグインハイブリッド車は、電気自動車ではできない電気を作り出せるという特徴を、走行だけでなく、もっと広い観点で考えて、活かせる場面が出てくるはずです」

停車中の活用という点で蒲地は、

「クルマが駐車しているとき、単に電源車というだけでなく、もっと楽しいことが何かできないか、座って移動するだけでなく、クルマの中で寝るという考え方も探ってみてもいいのではないかと、今後の展望として考えています」と言う。

「そういうことでは、電動車両ではこれまでと違ったパッケージングの発想も、楽しくていいかもしれません。床が平らで伸びやかな室内空間を活かせば、クルマの姿も変わっていくでしょう」と、半田も話す。

本山は、

「速度無制限のアウトバーンを持つドイツ車の価値が一つありますが、速度の二乗で抵抗が増えるので、電気自動車ではそれと違う価値の与え方を考えてもいいのではないでしょうか。ドイツのプラグインハイブリッド車とは違うプラグインハイブリッド車創りができたらいい。日本発の、新しい何かを創造していければいいと思っています」

CO_2の排出量規制を受け、全世界的にCO_2排出の抑制、すなわち燃費改善の動きが進むだけでなく、世界最大の自動車市場である中国では、電動車普及に向けたNEV（New Energy Vehicle）規制が動こうとしている。世界第2位の米国市場は、カリフォルニア州でのZEV（Zero Emission Vehicle）規制が今後段階的に強化されていく。もちろん冒頭の、'21年からヨーロッパで施行されるCO_2排出量規制（95g／㎞）もある。

電動化にいちはやく動き出した三菱の知見から、本当の意味での次世代の新たなクルマの姿が登場することへの期待は高い。

Chapter 12 INOMAT から DUONIC へ
MITSUBISHI FUSO TRUCK AND BUS "DUO" & "TRONIC"

2ペダル変速を人のために

三菱ふそうトラック・バス株式会社

今日本では、トラック輸送が危機に瀕している。
トラックを稼動する人が少なくなっているのだ。
三菱ふそうトラック・バスはまずトラックの運転に取り組みやすい
イージードライブの実現に動いた。
その新しいミッションは、独自のハイブリッドでも有効な構造となった。

国内輸送の90%トラックの重責

トラック輸送は、国内物流の90%以上を占める重責を担っている（輸送機関別分担率・トンベース、平成26年度/出典：公益社団法人全日本トラック協会「日本のトラック輸送産業 現状と課題２０１６」）。長距離移動を主体とする海運、鉄道、航空を利用するトンキロベース（トン数に走行距離を乗じ、仕事量を表した単位）との比較では、海運・鉄道・航空が49・4%と比率を延ばすが、それでもトラック輸送は、50%以上を堅持する。

この傾向は永年にわたり続いており、トラック輸送がなければ日本国内での生産はもとより、我々の生活もままならない状況がそこにある。内訳をみると、食料品など消費関連物資のほか、建設関連物資、工場などで使われる生産関連物資といった広範囲にトラック輸送が及ぶほか、宅配便を含めれば消費者に身近な配送でもトラックは活躍している。

そのうえで、トラック輸送業界は、典型的な労働集約型の産業であり、運送コストで最大となるのが人件費（38・8%）である。次いで燃料・油脂費用（19%）となる。運転者や荷の積み降ろしを含め、人が活躍することで成り立っている業界なのである。したがって、トラックの運転環境の改善は、労働環境の改善に直結する。

さらに近年いっそうの課題となっているのは、少子高齢化と若年労働力の不足だ。運輸の管轄官庁である総務省の調査によれば、トラック運送事業を含む自動車運送事業で40歳未満の就業者比率は約30%である。就業者の高齢化がそこに表れている。少子高齢化と若年労働力の不足は、承知の通り昨日今日に始まったことではなく、過去10年来の傾向であり、近年はその影響が増している。

そこで若年労働力確保の一手段として、平成27年6月の改正道路交通法では、準中型自動車免許の創設が決定した。従来、中型以上の運転は20歳以上で、18歳から普通免許で運転できるのは車両総重量5トン未満の普通自動車であった。これが法改正により、普通と中型の間に準中型自動車免許制度ができ、これを18歳以上で取得できるようになった。従来の普通より大型となる準中型自動車（車両総重量7トン未満、3.5トン以上）の運転が、18歳から可能になるのである（従来からの普通自動車は

3.5トン未満に変更された)。

こうしたトラック輸送を取り巻く情勢に対応する形で、小型トラックのイージードライブを実現したのが、三菱ふそうトラック・バス株式会社の機械式自動変速機「DUONIC(デュオニック)」である(図1)。

ドライバーの負担 大型トラックの変速数

三菱ふそうトラック・バスの機械式自動変速は、まず1996年に、大型トラック用のINOMAT(イノマット)で始まった。開発本部 パワートレーン開発統括部 駆動系設計部の小野守一マネージャーは、その背景を次のように語る。

「内燃機関を動力源とする自動車は、車両の発進から高速走行までの幅広い速度域に適応するには、変速機(トランスミッション)が不可欠です。一般的にディーゼルエンジンはガソリンエンジンに対しエンジン回転数のレンジが狭いため、動力性能の確保や燃費のために最適な回転を使いたいとなると、大型トラックは7段以上の変

図1　ダイムラーグループの中で小型トラック用に独自開発した機械式自動変速機 DUONIC(デュオニック)

速機が主流となっていました。こうなると、もはや人の操作で変速することは煩雑になり、大型トラックでの自動変速化が始まったのです。

弊社で開発したＩＮＯＭＡＴや、その後２００４年のＩＮＯＭＡＴⅡは、乾式シングルクラッチの断続を自動化し、マニュアルトランスミッションを自動変速する方式で、小型トラックにも当初はこの方式を適用しました。

しかし、とくに小型トラックの運転者から、オートマチックトランスミッションの乗用車からの乗り換えでも違和感のない操作性が求められ、ＤＵＯＮＩＣの開発につながったのです」

乾式シングルクラッチを使った自動変速は、乗用車のそれにおいても、変速のたびに一拍間を置くようなトルクの抜けによる加速の段差を生じる。マニュアルトランスミッションであればドライバー自身のクラッチ操作によりトルク抜けが生じているわけであり、当たり前のこととして受け入れられる。しかし自動変速となると、意図しないトルクの抜けは、例え変速のためであっても受け入れてもらうことはできない。

また、マニュアルトランスミッションの場合は当然ながら、ブレーキペダルを離せばゆっくり前進または後退していくクリープ走行はなく、これもマニュアルトランスミッションを基にした乾式シングルクラッチの自動変速では実現しにくい。

ほかにも、トルクコンバータを使う乗用車のオートマチックのように、停車した際にＰ（パーキング）レンジへシフトレバーを入れておけばクルマが動かず止まっていられることに慣れた人には、サイドブレーキを掛ける操作だけでは、車両の保持性に不安感を覚える場合もあるだろう。

今日では、乾式シングルクラッチの自動変速でも、制御を緻密に行うことにより変速での段差を和らげることができるようになってきている。だが、正式にＤＵＯＮＩＣの開発が始まった２００７年当時は、まだそこまで十分な進化が得られていなかった。

湿式多板デュアルクラッチを採用した構造は

ＤＵＯＮＩＣは、湿式多板のデュアルクラッチを、マニュアルトランスミッションと同じギヤボックスに組み合わせた方式を採用する。デュアルクラッチは、アウター（外側）とインナー（内側）による組み合わせ方で、他社での前後の組み合わせに比べ、クラッチ部の長さ方向の寸法を縮めることができる。

「開発を決定する前の段階では、十分なベンチマークを行い乗用車用のデュアルクラッチトランスミッション（ＤＣＴ）を研究することを基礎研究の初期段階に行っています」と小野は語る。

しかし、いざ開発を始めてみると、クリープを実現させるためにクラッチを滑らせるとき、クラッチライニングの形状や、滑りによる発熱の冷却など、三菱ふそうにとって初めての湿式多板式デュアルクラッチ開発の苦労が始まることになった。しかも、ＤＵＯＮＩＣ開発時には、ほかにエンジンや車体も新開発の時期と重なり、不具合の原因がトランスミッション自体の問題であるのか、エンジン特性との関係性によるものなのか、判断に苦しむ場面もあった。

小野守一 Morikazu ONO
三菱ふそうトラック・バス株式会社
開発本部 パワートレーン開発統括部 駆動系設計部
マネージャー

宮坂三良 Mitsuyoshi MIYASAKA
三菱ふそうトラック・バス株式会社
開発本部 パワートレーン開発統括部
パワートレーン実験部　マネージャー

それでも、湿式多板クラッチをデュアルクラッチシステムに採用した背景は何であったのか。

「乾式のシングルクラッチで、クリープを実現することは今日の制御技術であれば緻密なプログラムによって可能ですが、乾式クラッチでは当然摩耗が起こります。それを自動調整するにしても、摩耗によるダイヤフラムの特性変化が起こるので、なかなか制御が難しい面がありました。クラッチの作動を安定的に制御するうえで、当時は湿式多板クラッチに優位性がありました」と、小野は振り返る。

さらに、クラッチ寿命の点でも湿式多板が乾式に勝ると、開発本部パワートレーン開発統括部 パワートレーン実験部の宮坂三良マネージャーは言う。

「湿式多板クラッチであれば、無交換のメンテナンスフリーにできます。開発を始めた'07年当時には、乾式クラッチを使う方がより挑戦的な選択でした。定期的にクラッチ交換が必要となるだけでなく、クラッチ操作のためのアクチュエータを油圧化や電動化し、緻密な制御をしなければなりません。その点、湿式多板クラッチなら、クラッチ操作と変速の両方を油圧に一元化できます。あ

とは、油圧の冷却性能を考えればいい」

一方、市場には、トルクコンバータを使う乗用車と同様のオートマチックトランスミッションの採用例もあるが、トルクコンバータの選択肢はなかったのだろうか。

「トルクコンバータは、ロックアップクラッチを使うことで昔ほどトルクの伝達効率は悪くなくなっていますが、我々が目指すべきは、マニュアルトランスミッションと同様の効率向上でしたので、歯車部分にマニュアルトランスミッションの構造を活かしたデュアルクラッチを選択しました」と、小野は説明する。

湿式多板クラッチの開発で苦労した一つは、クリープを実現するためクラッチを滑らせる際に、摩擦変化によって振動を起こすジャダーの発生だった。湿式多板クラッチの潤滑のさせかたによって、それが起こることになる。

この湿式多板クラッチの完成の糸口となったのは、オイル潤滑にかかわるクラッチフェーシングの表面形状と、溝の切り方の工夫、そして、ソフトウェア開発におけるモデルベースでの開発であった。

クラッチが接しているときの静摩擦係数と、滑りだしてからの動摩擦係数について、一般的には滑らずに接している静摩擦係数の方が大きな値となるが、動摩擦係数より静摩擦係数が小さくなるようなクラッチフェーシングの表面形状を開発した。

このジャダーの問題は、コンピュータ上でクルマを走らせて検証するモデルベース開発を行い、机上の制御プログラムを実車でも再現できるようにし、もの（ハードウェア）と制御（ソフトウェア）の双方で課題を確認しあい、互いに煮詰めていくということを行ったのである。結果、ものと制御の双方で改良を施すことにより解決した。

5速用ミッションケースで6速を実現

もう一つ、既存の5速マニュアルトランスミッションのケースを応用できる小型化も、ＤＵＯＮＩＣ実現の重要な要素であった。

ただし、ＩＮＯＭＡＴから継承される6速での自動化のためには、5速より1組多いギヤセットが通常は必要

図2　2軸式の変速機のメインからカウンターシャフトへ動力を伝えるシャフトを利用し、5速用のミッションケースで6速を可能とした

になる。しかし、それでは5速マニュアルトランスミッションのケースは使えない。

そこで工夫されたのが、2軸式の変速機部分のエンジンからの入力を、メインシャフトからカウンターシャフトへ伝えるインプットシャフトギヤが、デュアルクラッチの場合2組あるのを利用し、これを6速目のギヤ比とすることであった（図2）。

「この案では、ダイムラーからの助言が活きています」

と宮坂。

こうして完成したDUONICは、自動車技術会の第62回技術開発賞を受賞した。そして、販売会社や顧客からは、

「滑らかな変速でトルクの抜けがない。素晴らしい！」

「これに一度乗ってしまうと、ほかは乗れないね」

などの評価を耳にすることができたと宮坂は振り返る。

また、技術的にも、販売店のサービスメカニックから、

「このような複雑な機構をよく実現できた」

「凄い！」

と、驚きと称賛の声もあったと、小野も語るのである。

三菱ふそうトラック・バス社は、現在、ドイツのダイ

図3　デュアルクラッチを採用したことで効率的なハイブリッドシステムも可能となった

ムラー社傘下のメーカーとなっている。その中で、三菱ふそうトラック・バスが小型トラックやハイブリッド技術の中心的存在として、小型トラック用のトランスミッションであるDUONICを独自にゼロから開発した。「独自開発への思い入れやこだわりは強いですね」と、宮坂は言う。

'10年の発売当初よりDUONIC搭載車は高い販売台数に及んだが、現在は約半数ほどであるという。小型トラック業界では、マニュアルトランスミッションへのこだわりも強いようだ。だが、逆の見方をすれば、半数の顧客は2ペダルでの運転に目を向けている状況が定着しつつあるともいえるだろう。そして、応答性のよい加減速や、クリープを活かした発進や後退、また生産財として永年長距離走行に使われる小型トラックにおけるメンテナンスフリーは、運航経費でも利点を生み、使い込むに従い良さを実感していくことになるはずだ。

DUONICがあることによって、デュアルクラッチ式を採用した小型トラック用ハイブリッドの実現にもつながった（図3）。

「自社技術で、デュアルクラッチ式を採用したハイブリッドを実現できたのです」と、小野も胸を張る。

DUONICは、同時期に新開発されたエンジンとの組み合わせによって、従来に比べ8〜10％の燃費向上（ECOモードとアイドリングストップの効果を含む）を実現している。これにハイブリッドシステムが加わることで、重量燃費基準2015を20％以上も上回る燃費性能を果たしているのである。

デュアルクラッチを使ったハイブリッドシステム

三菱ふそうトラック・バスのハイブリッドシステムは、デュアルクラッチと変速ギヤの間に薄型交流モーターを挟み込んだパラレル式である。そして、偶数段ギヤを扱うアウタークラッチ側にモーターは接続されている。

平坦路の発進では、搭載されているリチウムイオンバッテリに十分な電力が蓄えられていればモーターのみで動き出し、このとき、インナーとアウターのクラッチは切られた状態になる。電力が足りなければ、エンジンがモーターと併用され、エンジン駆動力はインナークラッチ側の3速ギヤでの発進支援となる（発進が登坂路であれば、状況に応じて1速または2速での発進となる）。

走り出して以後、インナークラッチを接続しての3速、5速での走行では、3速の場合は2速または4速のギヤ経路を経てモーターによる駆動力支援が行われ、5速で走行する際には、4速または6速のギヤ経路を経てモーターでの駆動力支援を行う。このとき、ギヤ比分の回転差は、制御により補正して、3速または5速走行でのトルク支援を行う。

次に、アウタークラッチを接続して4速、または6速で走行する際には、同軸上にモーターが組み込まれているので、エンジン回転と同じ回転数でモーターがトルク支援を行う。薄型交流モーターを偶数段のアウタークラッチ側にのみ設置するため、以上のように変速とモーター支援との関係がやや複雑に見えるが、ブレーキ回生の際には利点もあると、小野は説明する。

「たとえば、奇数段にシフトされた状況で減速し、回生が働く場合、タイヤからの回転数に合わせてモーターは回りますが、このとき、走行中のギヤの組み合わせにもあったように、1段下の偶数段のギヤとの組み合わせでモーターを回すことができるので、よりモーター効率の高い高回転で電力回収ができ、多くの電力をリチウムイオンバッテリに充電できるのです。当然、その電力が次のモーター走行に活かされ、燃費性能を高められます」

回生の際は、インナー／アウター共に、クラッチは両方とも切られた状態だ。

発進の際のクリープについては、基本的にモーターのみでの動きとなり、これによって燃費向上や、低騒音にも役立つ。もちろん電力が少ない状況も考えられ、このときには、半クラッチを使ってエンジン出力によるクリープを実現する。

そのほか、減速の際に、4速→3速→2速とシフトダウンが行われるときには、アウタークラッチ側では4速から2速への切り替えが行われるわけだが、ここで回転数をシンクロさせる際にも、モーターで回転合わせすることにより、減速比の大きな変速におけるシンクロ機構の負担低減にもハイブリッド化が役立っている。

ＤＵＯＮＩＣを活かしたハイブリッド化は、単に燃費の改善だけにとどまらず、モーターがあることによる利点を様々に活かしているのである。

進化し続けるDUONIC

発売から6年、DUONICはどのような進化を遂げてきたのだろうか。

「市場の要望に応える制御マップの改良を行っています。たとえば、もっと力強い走りになるように、変速のタイミングをより引っ張る仕様とした改良です。また、開発時点でも苦労したクラッチのフェーシングの溝形状をさらに改良することで、耐久性の向上も図っています。

もう一つはコストの低減ですね。部品単価を下げるため、海外の部品メーカーとの折衝も始めています。こうした海外とのやり取りは、小型トラックの分野でも行っています」と宮坂は話す。

キャブオーバー型の小型トラック開発は、いわば日本の独壇場だ。中型~大型トラックはダイムラーに商品があるものの、現在小型トラック分野は三菱ふそうトラック・バスに任されている（図4）。

「ダイムラーグループ内でも小型トラックは現在日本独自の商品であり、技術を活かせるところですが、グループ企業であることを活かし、海外部品メーカーとの関係も模索する動きが起こるわけです。

そうした中で感じるのは、国による人種や文化の違いです。また、相手が日本人の場合は、はっきり口にしなくてもお互い理解しあえることも多いですが、外国人の方が相手の場合は、言いたいことをはっきり言う必要があります。また語学の壁もあり、私たちも最初は慣れませんでした。」と、小野は苦笑する。

将来へ向け、DUONICはどのように発展していく可能性を秘めているのだろう。

図4 検討された新トラックのイメージ図

「小型トラック以外への適応という可能性のある技術ですが、当面は、様々な市場で、高い信頼性耐久性を実現できるトランスミッションであるよう、湿式多板クラッチ用のATFや、変速機側のギヤオイルについて、仕向け先の市場で手に入れやすいものを使えるように対応しています。さらに、新興国へも積極的に販売してゆきたいと考えていますので、使用環境に適合できるよう、ゴミなどの混入や、社会基盤整備の影響なども視野に入れた、より汎用性を高めた開発も行っていきたいです」

と小野は、継続的な進化の様子を語った。

乗用車と比べれば、トラック・バスでは、はるかに高い耐久性が求められる。消費財と違い、生産財であるトラック・バスは、プロフェッショナルが主に扱う領域とはいえ、高い信頼耐久性が求められながら、なおかつ小型トラックにおいては、より乗用車に近い取り扱いやすさが求められる社会変化の中で、自動変速と、ハイブリッド化を実現したDUONICは、三菱ふそうトラック・バスのものづくりを象徴する開発の一つである。

Chapter 13 クロスプレーン型クランクシャフト
YAMAHA Crossplane Type Crankshaft

馬力ではなくコントロール性こそが魅力

ヤマハ発動機株式会社

ヤマハは長い間世界タイトルから遠ざかっていた。
再び頂点に上り詰めるにはどうしたらいいか。
ずっと頭の中にあった先輩の報告書。
「燃焼の状態を身体で感じるエンジンの開発」。
ライダーが安心してスロットルを開けられるエンジン。
その答えに選ばれたのが不等間隔爆発の採用だった。

至上命令のチャンピオン奪還

オートバイによるロードレース最高峰の世界選手権は、WGPとして2001年までエンジン排気量500ccの2ストロークエンジンで争われた。しかし、環境への配慮により、2ストロークエンジンを使用した市販車が4ストロークエンジンへ替わるなか、WGPは'02年からMotoGPと名称を改め、'03年は4ストロークへの移行期間として2ストロークと4ストロークエンジンの混走で開催され、'04年からは990cc4ストロークエンジンへと統一された。

当時、ヤマハはチャンピオンのタイトルから長い間遠ざかっていた。技術本部の辻幸一は、

「1992年に、ウェイン・レイニー(米国)がチャンピオンを獲得したあと、10年以上ヤマハはタイトルから遠ざかっていました。とくに'03年はシーズンを通じて3位表彰台がわずか1回という最悪の結果でした。会社としても看過できない状況であり、'04年のチャンピオン奪還を経営トップから言い渡され、当時の部門長には相当なプレッシャーがかかったことは想像に難くありません」と振り返る。

かつてWGP時代のヤマハは、競合メーカーとタイトルを獲ったり取られたりのいい戦いをしていた。それが10年もの間タイトルから遠ざかっているというのは、異常とさえいえた。2ストロークから4ストロークエンジンへ移行するMotoGP時代を迎え、チャンピオン獲得への開発が始まる。

V型エンジンは四輪用でやり尽くした直列で高回転のほうが面白い

MotoGPの4ストロークエンジンとして、競合他社はV型エンジンを選択していた。ホンダが唯一V型5気筒で、スズキやイタリアのドゥカティはV型4気筒であった。

一方ヤマハは、4気筒直列エンジンを伝統としてきている。しかし、タイトルを獲れないことによって、社内からもV型とすべきではないかとの声が出始めていた。さらに、ヤマハ社内で四輪のレースエンジン開発を担っ

てきた事業部に、V型エンジン開発の協力をしてもらってはどうかとの話にもなっていった。

　ヤマハの四輪の事業部は、1980年代半ばにV型6気筒の、1気筒あたり5バルブ（吸気3、排気2）を採用するF2用レーシングエンジンを開発し、その後、1990年代後半にはF1のV10エンジンも開発した実績を持っていた。ところが、

「当時AM事業部でレース用エンジンの開発を行ってきた担当者として、四輪エンジンでV型はもうやり尽くした感があって、勘弁してほしいと言いました。それに引き換え、直列4気筒エンジンを高回転で回すことのほうが、従来四輪エンジンでやったことのない開発なので、面白そうだということになったのです」と辻は言う。

　そこに登場するのが、クロスプレーンクランクシャフトの採用である。エンジンの先行開発を担当する藤原英樹は、

「ヤマハは、1984年にクロスプレーンクランクシャフトに関する特許を申請しています。加えて1994年に社内で発行された『燃焼の状態を身体で感じるエンジンの開発』という報告書には、クロスプレーンについて、

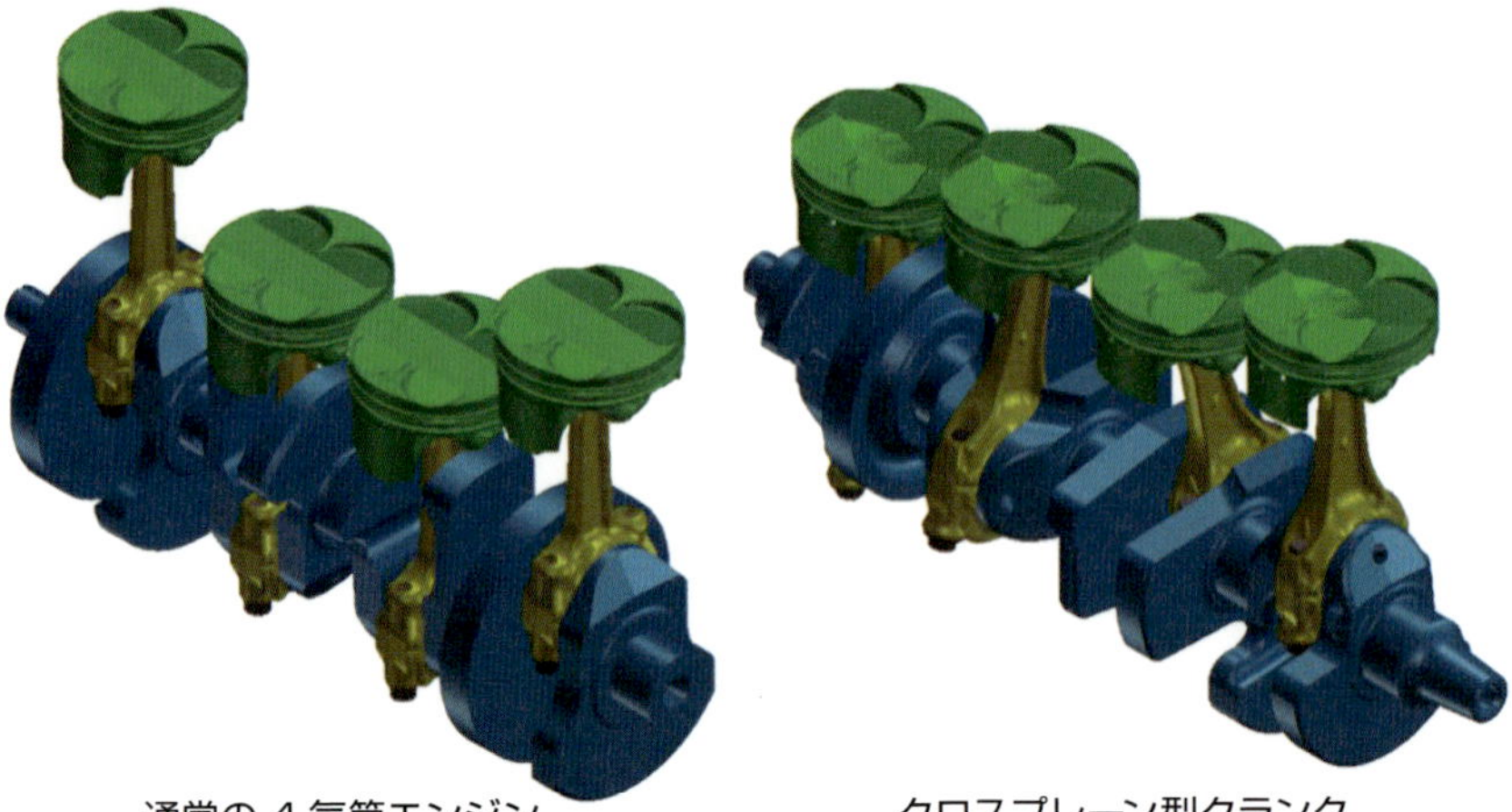

図１　通常の直列４気筒エンジンの180度クランクシャフトと、90度ずつ位相がずれるクロスプレーンクランクシャフトの比較

燃焼トルクと慣性トルクに対する考え方、振動に対する考え方が理論立てて説明されており、辻も私も、頭の隅には常にこの報告書の内容が引っ掛かっていました」と、ヤマハとクロスプレーンクランクシャフトの歴史が古いことを語る。

クロスプレーンとシングルプレーンクランクシャフト

さて、ＭｏｔｏＧＰのレースエンジンにクロスプレーンクランクシャフトを採用する話をする前に、クロスプレーンクランクシャフトとはどのようなものであるかを簡単に解説しておこう（図１）。

一般的なクランクシャフトはシングルプレーンという。これは、４気筒エンジンのコンロッドが取り付けられる大端部が、気筒ごとに１８０度ずつずれているものをいう。これによって、４気筒エンジンの場合、吸入、圧縮、燃焼、排気の四つの行程それぞれにおいて、いずれもピストンの上下動は、上死点と下死点で一致する動きになる。クランクシャフトの大端ピンが同一平面上に並ぶことから、シングル（同一）なプレーン（面）というわけだ。そのうえで、四つの気筒は均等な間隔で燃焼を行うことになり、等間隔爆発と言われる。

これに対し、クロスプレーンは、コンロッドが取り付けられるクランクシャフトの大端部が、90度ずつずれる。大端ピンの配置が交差した面上に位置するため、すなわち、クロス（交差）プレーン（面）というわけだ。

4ストロークエンジンでは、吸気、圧縮、燃焼、排気の四つの行程をクランクシャフト2回転で行うので、4行程で720度回転することになる。そして、1番のシリンダから、90度ずつ2番、4番、3番と大端ピンはずれて配置され、燃焼は、1－3－2－4の順に行われると、1番が燃焼したあと270度クランクシャフトが回転したところで3番シリンダが燃焼する。次に、そこから180度回転した450度の時に2番シリンダが燃焼し、続けて90度回転してすぐ4番シリンダが燃焼するという順になる。

そのため燃焼自体は、1番シリンダから次の燃焼までの間隔が、270度、180度、最後が90度というように不等間隔となる。

これにより、等間隔爆発では高周波の透き通った鋭い排気音になるが、クロスプレーンクランクシャフトによる不等間隔爆発では、ややこもったブーンという低周波の排気音になる。オートバイの走りを外から見ていて、この排気音からクロスプレーンクランクシャフトの採用を知ることもできるのである。

燃焼トルクを邪魔する慣性トルク

一般的に、エンジンは均等に燃焼を行う等間隔爆発がよいとされている。だが、それによる負の要素があり、そこを藤原が解説する。

「ＭｏｔｏＧＰや、大型のオートバイで、エンジン排気量が１０００ccとか、最高出力が２００馬力近くになってくると、何か制御装置がない限りエンジンを扱いきれないとの要求が出るようになりました。

ライダーがスロットルを開けることによって、燃焼のガス圧が上昇します。それがタイヤに伝わり、駆動力を発生して、それをライダーは感じ取りスロットルを調節するということが繰り返されるわけですが、レシプロエンジンでは、燃焼トルクのほかにピストンの上下動による慣性トルクが発生し、これは高回転になるほど大きく影響するようになります。ライダーは、燃焼トルクを調節しているつもりなのに、慣性トルクが邪魔をし、燃焼トルクを感じにくくしてしまうのです。

等間隔爆発のシングルプレーンクランクシャフトでは、必ずピストン位置が上死点と下死点で一致するため、単気筒当たりの回転変動のタイミングが4気筒で一致します。これが、大きな慣性トルクの発生する原因です。

シングルプレーンエンジンを高回転で回した場合、このトルク変動によってライダーは正確な燃焼トルクを感じにくくなり、結果、扱いにくく、また怖くてスロットルを開けられないといったことになりかねません」

この回転変動によって起こる慣性トルクを、大きく低減するのがクロスプレーンクランクシャフトであるというのである。

「4気筒直列クロスプレーンエンジンでは、隣同士のシリンダで回転変動が相殺されるため、慣性トルクの一次および二次成分がキャンセルされるので、ライダーが燃焼トルクそのものを感じられるようになります。これが、コントロール性が良くなる根源と考えています」と、藤原は説明する。

ライダーがスロットルを操作することによって燃焼のガス圧が上昇し、そのトルクがタイヤに伝わり、駆動力を発生して、それをライダーは感じ取る。まさしくライダーのスロットル操作と駆動力が一致することになるのである。

辻は、

「フラットプレーンクランクシャフトの等間隔爆発では、慣性トルクの影響で燃焼トルクを合わせた出力が常に上下に振れているので、ライダーは馬力を感じにくくなり、スロットルを開けすぎたり慌てて閉じたりすることで扱いにくさが出てしまいます」

ライダーは燃焼間隔を感じ取る

クロスプレーンクランクシャフトの採用により、慣性トルクをきわめてゼロに近いところに抑え込めることは分かった。だが、燃焼が不等間隔となることによる不具合は起こらないのだろうか。藤原は、私見であると前置きしながら語る。

「クロスプレーンクランクシャフトでは、1－3－2－4と燃焼が順に進むうち、2と4の燃焼が連続し、燃焼トルクが1番、3番に比べ大きく上がることも、かえって扱いやすさにつながると考えています。かりに、シングルプレーンクランクシャフトでも、二つの気筒を同時に燃焼させるとライダーは扱いやすさが向上すると言います。720度で4回燃焼するうち、1箇所で大きな燃焼トルクが発生すると扱いやすくなることが、経験的に立証されているのです。理屈はまだ分かりませんが…」

辻は加えて、

「クロスプレーンクランクシャフトで、90度ずつ燃焼させ、その後クランク1回転分は燃焼を休ませても、ライダーの感じは違ってくるようです」と、話す。

かえって燃焼にリズムが生まれ、そこにスロットル操作のタイミングを掴む何かきっかけのようなものが生じ

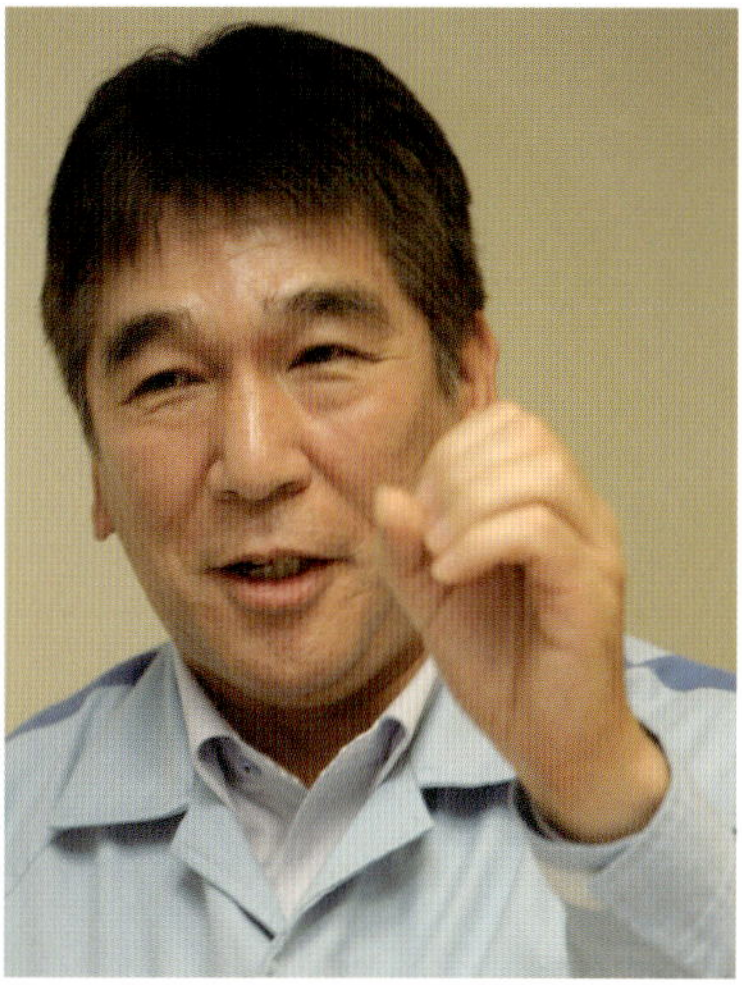

辻 幸一 Koichi TSUJI
ヤマハ発動機株式会社
技術本部
MS開発部長

藤原 英樹 Hideki FUJIWARA
ヤマハ発動機株式会社
エンジンユニット エンジン開発統括部
先行開発部長

るのだろうか。

クロスプレーンクランクシャフトの利点は見えてきた。では、ほかに負の要素はないのだろうか。藤原は、

「悪影響は出ないと考えていますが、しいて言えば、吸気の面で、吸気行程のタイミングが等間隔爆発エンジンとは変わるため、ピーク性能を出しにくいことはあると思います。また、構造上、一次偶力をキャンセルするためのバランサは必要になります」と言い、辻は、

「機能面では、バランサを取り付ける必要はありますが、性能的に深刻な問題点はないと考えています。シングルプレーンクランクシャフトの場合、高回転で慣性トルクが大きくなるため、二次の振動が増大します。幸い、クロスプレーンクランクシャフトは慣性トルクの面では完全バランスなので、性能的に問題はありません」と話す。

直列4気筒を採用するヤマハにとって、クロスプレーンクランクシャフトの採用に際して立ちはだかるような大きな壁はなく、利点が多いことが見えてくる。では、その開発はどのように推移したのであろうか。

「今回の開発は、2003年7月に始まっています」と辻は言う。「それまでは、V4やV6の調査なども行っていました。7月にクロスプレーンクランクシャフトの設計を開始し、12月には台上試験にこぎつけています。そして12月24日に実走行し、藤原儀彦テストライダーが『全く違う』と、コメントしました。翌年になって、GPライダーのヴァレンティーノ・ロッシに乗ってもらうことになります。

クロスプレーンクランクシャフトの採用で好都合だったのは、これまでヤマハは直列4気筒エンジンにおいて4軸配置を使ってきたことでした（図2）。4軸とは、クランクシャフト、カウンターシャフト、ギヤボックスのカウンターシャフト、そしてドライブシャフトです。そのうちの、カウンターシャフトに一次偶力のバランスシャフトを入れることができ、機構上それほど大きな問題を生じませんでした。

また、当時のエンジンはクランクケースをアルミニウムの削り出しで製作していたので、少しの変更で、短期間に物をつくることができました。もし、鋳物を使っていたら、砂型に3ヵ月、鋳物に3ヵ月ほどの時間を要したでしょう。

1994年当時の報告書を読んで頭の中にあったクロ

スプレーンクランクシャフトの採用がここに実現し、いろいろな時期がうまく噛み合う、まさに千載一遇の機会でした」

この時期に実現できたことについて、藤原は、

「'84年当時の、別の報告書によると市販の400cc水冷直列4気筒シングルプレーンクランクシャフトエンジンでクロスプレーンクランクシャフトを試しています。研究段階でしたし、400ccだと慣性力が小さいからとい

図2　4軸配置を使ったクランクケース（これは市販のYZF-R1M）。カウンターシャフトに一次偶力のバランスシャフトを入れることができた

図 3　2016 年型 Moto GP マシン YZR-M1。ヴァレンティーノ・ロッシが乗ったもの。2004 年、長年チャンピオンから遠ざかっていたヤマハに、再び王座を取り返したのがロッシだった

うことで、一次偶力バランサは不用と判断したようです。また、当時はクランクケースをアルミブロックから削りだす工法が一般的ではなかったため、バランサを組み込むには難易度が高かったのだと思います。結果、振動が大きく、完成度の高いものにはならなかったようです」と、補足する。

さて、２００３年後半にわずか5ヵ月ほどで完成させたクロスプレーンクランクシャフトのＭｏｔｏＧＰマシンを、契約ライダーはどう評価したのか。ロッシは、「スイート」と語ったという。そして、'04年シーズンに、ヤマハは狙い通りＭｏｔｏＧＰのタイトルを奪還した。そして翌年二連覇を果たした（図3）。

'04年のレースシーズンを終え、ヤマハは記者試乗会を催した。辻は、

「コメントの多くは、乗りやすいということでした。前年'03年のエンジンは、猫のしっぽを踏んだようだと言われました。キャンッと飛んで行ってしまうと。それが'04年仕様は全く違うと言うんです」と振り返る。

藤原も、

「乗った人のコメントで多かったのは、スロットルの入

力と後輪の出力の出方が1対1の感覚で、操作に対する駆動力のリニア感があって素晴らしいということでした。そして、スロットルが安心して開けやすく、タイヤのグリップ限界が分かりやすくなるとも言われました」と補足する。

市販車への展開

MotoGPで立証されたクロスプレーンクランクシャフトを量産市販に持ち込むため、そこで改めて試験をしたと藤原は振り返る。

「まず、物を作って検証するということから、三つの試作車を製作しました。'04年のYZF-R1と、'07年のYZF-R1にクロスプレーンクランクシャフトを組み込んだもの。この2台はバランサ無しでした。そして、'07年のYZF-R1のクランクケースを削り出しで作って、クロスプレーンクランクシャフトとバランサを取り付けたもの、という計3台です。評価ライダーに各車両に試乗してもらい、クロスプレーンクランクシャフトを市販量産バイクでも採用する利点はあるというコメントを得て、量産化を決めました」

市販量産バイクにクロスプレーンクランクシャフトを採用したことへの社外からの評価を聴くため、'09年2月に、オーストラリアのシドニー郊外にあるイースタンクリークという国際レーシングコースでの試乗会に、ジャーナリストを招待して試乗会を催している。藤原は、

「そこで、タイヤのトレッドがむしれるような摩耗をしていました。これまで見たこともない走行後のタイヤ状態でした。多くのジャーナリストたちが、タイヤの限界を攻め込みながらスロットルに対するコントロール性を楽しんだ結果だと思います。

ヤマハの実験評価ライダーも、4気筒1000ccクラスのオートバイにもなると、シングルプレーンクランクシャフトで等間隔爆発の場合、タイヤ限界でスライドが起こるとそれによってエンジン回転がさらに上昇し、同時に慣性トルクがいっそう大きくなるのでコントロールを失って、冷や汗をかくことがあるらしいのですが、クロスプレーンクランクシャフトであれば、タイヤ限界の境界を探れると言います」

辻は、

「速い遅いというよりも、とにかくみんなが乗って楽しいと言うんです」と添える。

そして藤原は、

「楽しいのはもちろんですが、実際に周回時間も速くなっています。実は我々開発陣も、コントロール性が上がるのは分かっていても、本当に速さにも効果があるのかについては、手応えを掴めずにいたところがありました。そこで、スペインのとあるサーキットで、シングルプレーンクランクシャフト仕様である'08年型量産モデルと、'09年クロスプレーンクランクシャフト仕様を持ち込み、データロガーを搭載して走行してみました。出力は、どちらもほぼ同じで、180馬力と182馬力です。

データを見ると、シングルプレーンの'08年仕様ではバイクの姿勢が立ってから一気に大きくスロットルを開けていました。車体が傾いている間は我慢しているのです。対するクロスプレーンの'09年仕様では、バイクがまだ寝ているところからジワジワとスロットルを開け始めている様子を確認できました。その結果、スロットルを早く開けられることから、1周で3秒以上も周回時間が短縮されていました。

当時の市場では、市販量産の大型オートバイで馬力競争が起きていましたが、馬力ではなくコントロール性こそが魅力であるという新たな価値をヤマハは提供することができたのです。しかも、もちろん速さも備えているのです」

常にライダーに聞く自信がないから

直列4気筒の1000ccの大排気量エンジンにクロスプレーンクランクシャフトを採用し、結果、得たものは何であったのだろう。

辻は、

「レースをやって、なぜ勝ちたいのか。それはつまり、世の中によい技術であることを証明できる一番いい機会だからです。レースで勝つための要素は、エンジンだけでなく、車体やタイヤ、そしてライダーの能力もあります。それでもチャンピオンを獲ったことで、クロスプレーンクランクシャフトの効果が認められ、ヤマハのブランドを高めることができました。個人的にも、技術的な興味として従来やられたことのない技術開発をやれたのがよかったと思っています」と語る。

藤原は、

「20年以上も前の'94年に先輩たちが挑戦したクロスプレーンクランクシャフトの報告書がずっと机の中に入っていたのですが、それを読むたびに、今日のような技術やCADなどツールのない時代に、この開発に挑戦した先人に対する敬意や尊敬の念を抱いていました。それをまさか自分たちで具現化するとは、当初は想像もしていませんでした。

この先、今度は私たちが後世に何を残すことができるのか、そこに立ち返ります。そして、いま先行開発の部署に所属する立場からも、これからのヤマハを代表する価値を生み出すことの重要さを改めて感じているところです」と話す。

そうした開発を進める中で、ヤマハの風土ともいえるのが、ライダーの言葉を重視する姿勢だ。このことについて、辻は、

「自信の無さではないですか。それだけだと思います」

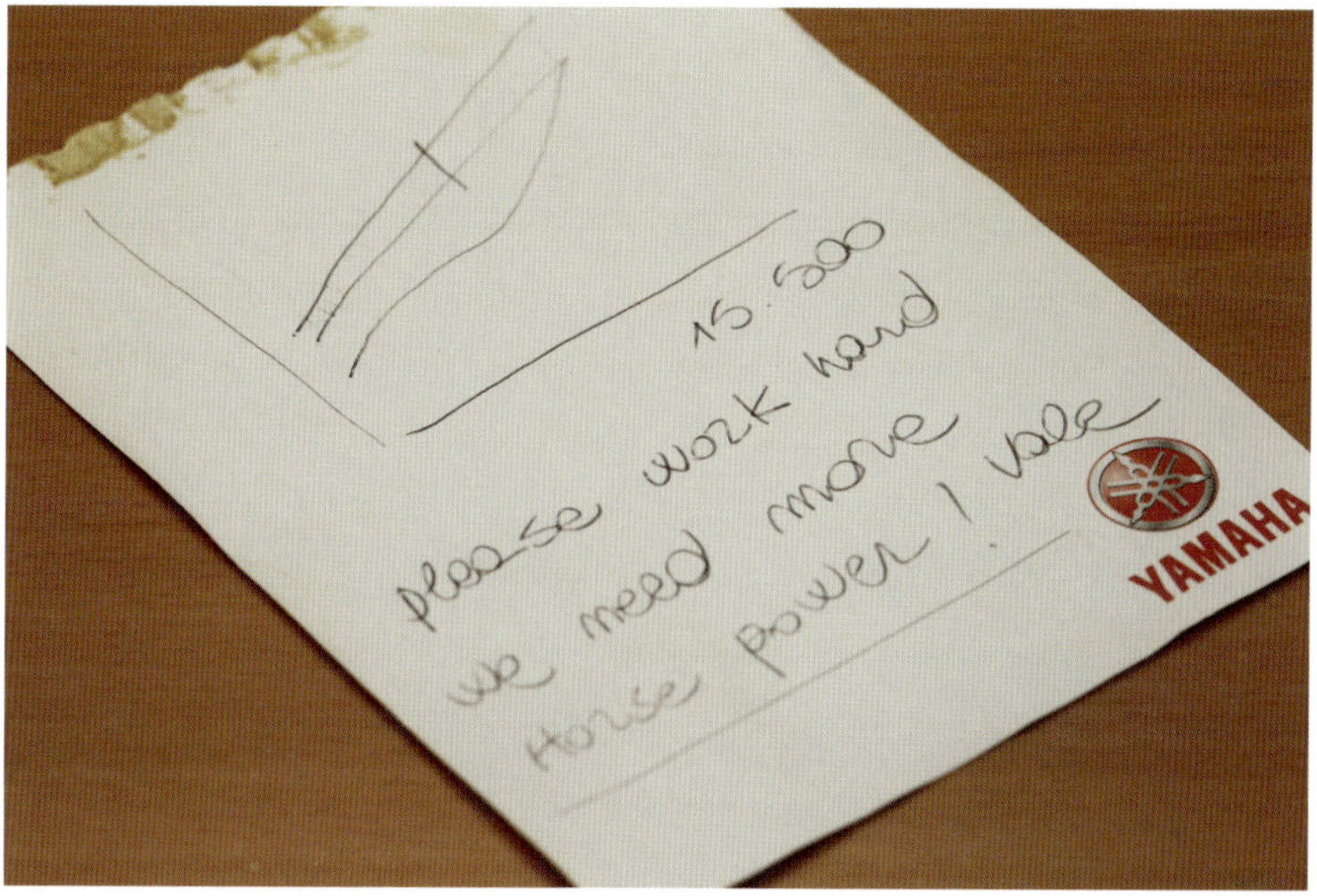

図 4　初めてロッシが YZR-M1 をテストしたときの自筆メモ。「もっとホースパワーを」と書いてあるが、同時にエンジンの手応えを「スイート」と表現したのはファンには有名なエピソード

と、事もなげに言う。「一生懸命に開発はするけれど、最後に『どぉ?』ってライダーに聞くわけです。プロフェッショナルなライダーの速さで自分たちが走れるわけではないですから、聞くのです」と言う。

藤原も、

「まさに、辻が言ったことがすべてです。常に乗り手主体で我々は開発しています」と同意する。

辻は、レースの世界を例に、

「開発で馬力は上げていきますけれども、それだけではないと思います。たとえば、サーキットを1周する際のスロットルの全開率は、二輪の場合25%くらいです。あとの75%は絶対出力を使えていないわけですから、ほかにもっと大事なことがあるだろうと。ライダーは、まず馬力が欲しいとは言いますが、同時にまた、扱いやすくねとも言うわけです（図4）。

よいはず、ということはないのです。センサを搭載し、データを集めても、タイヤ性能が落ちたことは分からないので、ライダーの話を聞かなければ結局何も分からないことになります。逆にライダーのコメントを聞くことで、初めてデータの検証ができます。ですから、二輪の場合は、まずライダーありきだと思います」と述べる。

藤原も、

「マシンの方でフィードバック制御をしながら引き算をするか、ライダーの意思で足し算をするか、そこで楽しさが違ってきます。そういう開発をしていけば、楽しいバイクになるに決まっています」

直列4気筒エンジンにクロスプレーンクランクシャフトを採用する開発は、そうしたヤマハ魂を心に宿す技術者の手によって、楽しく、かつ速い、スーパーバイクを誕生させたのであった。

Chapter 14 安全、排出ガス、燃費性能の追求

UD TRUCKS Gemba Spirit

すべての技術は創業の志、現場スピリットで

UDトラックス株式会社

2014年、UDトラックスは、
創業当時のトラックと最新のトラック2台を連ね、
かつて創業者・安達堅造が試験走行を果たした3000kmの道を巡った。
当時舗装もされていない3000kmは、
完成したばかりのトラックには過酷な道のりだった。
現場を重視し尊重する精神はここから生まれた。

'89年から手がけた車両距離警報

2017年11月から、22トン超の新型生産トラックへの衝突被害軽減ブレーキ装着が義務化されるのを前に、同年4月に発売されたUDトラックスのQuon（クオン）は、衝突被害軽減ブレーキはもちろんのこと、ふらつき注意喚起装置など安全装備を充実してフルモデルチェンジした。

UDトラックスは、公的規制が実施される前から、追突事故防止の取り組みを世界に先駆け取り組んできた経緯がある。

「'89年に、車間距離警報装置から手掛けた歴史があります」と語るのは、廣田雄一である。続けて廣田は、

「当時はバブル経済の最盛期で、安全はもとより燃費についてもあまり注目されていなかった時代でした。経済が急速に肥大した時期ですから、トラックには、荷物をたくさん運ぶことのできる力強さが期待されたのです。しかし弊社内では、安全と燃費はトラックにとって重要であるとの認識がすでにありました。

観光バスも、スキーツアーや夜間の高速バスなどが人気を集めており、JRバスが、夜間高速バスに車間距離警報装置を付けることを入札の条件にしました。

弊社には、レーダー一筋という専門家がおり、他社に先駆けた開発に結び付きました」

山本敏雅は、車間距離警報装置を開発する背景に、日本特有の事故形態があったと話す。

「トラック事故は、追突事故が圧倒的に多いのが日本の特徴です。欧米は、横転事故が多い傾向となっています。日本のような渋滞がそれほどない交通環境であることや、道路脇がガードレールではなく盛り土になっていて、その先に森や林が広がるという道路環境のせいもあるでしょう。そうした交通環境の違いから、日本にはまず車間距離警報装置の装備が求められることになったのです」

安全装備に過信や依存させない

安全への長い取り組みによって生まれたのが、最新の

アクティブセーフティ技術である。その開発における基本方針は、ドライバーに、安全装備に対する過信や依存をさせないことだと廣田は強調する。

「たとえば衝突被害軽減ブレーキについて、現状、弊社では人に対しては対応していません。理由は、大型トラックが人と接触する事態は、かなり重大な事故になる可能性が高いからです。たまたまある事故では歩行者の被害が軽かったとしても、それがいつも同じであるとは限りません。そうしたまれな例から、ドライバーが過信するようなことがあってはいけないと考えるからです。大型トラックに採用するなら、それは被害軽減ではなく、回避できる装備でなければならないと考えています。

また、近年のトラックドライバー不足という課題においても、安全装備や機能について十分な知識や理解の無い方が運転されることがあるかもしれず、そうしたドライバーが過信や依存することのないようにと考えています。

ほかに、車線逸脱警報装置や、ふらつき注意喚起装置などでは、運転をしている方に不信感を与えないような制御に作り込んでいます。たとえば、道路によっては車線の白線が二重になっていたり、道幅そのものが狭かったりする状況が国内ではあり、そういう場所ではやむを得ず白線をはみ出すことがあるかもしれません。しかしそれは、危険な状況ではないわけで、そこで警報が出てしまうと不信を招きます。信頼して活用していただかなければ、安全装置の意味がありませんから、保安基準の範囲内で、そういう場面では警報を出すのを遅らせるような調整もしています」

金子邦寛は、その話を補足し、

「大型トラックを運転される方は本当にプロフェッショナルで、装備されている機能を使い切る運転をされますから、そうした使われ方に応える装備でなければなりません」

と、優れたトラックドライバー像を紹介する。

このほか、従来はトラクターのみに装備されてきた姿勢安定制御も、カーゴ系に装備している。基本的な安全装備として、LEDヘッドランプやディスクブレーキの採用も新たな挑戦となっている。則岡明仁は、

「'79年に、世界初として大型車にOPT（選択装備）設定のディスクブレーキを搭載した弊社が、新型クオン全

図1　新型 Quon から全車標準装備となったディスクブレーキ。耐フェード性に優れ、耐水性、ペダル応答性が向上した（写真 /UD トラックス）

車にディスクブレーキを標準採用したのは初めてです（図1）。放熱性が良いので、耐フェード性が向上するほか、耐水性に優れ、ペダル応答性が高まることで荷崩れの予防にも役立ちます。一方、パッドの摩耗に対しては、フットブレーキと排気ブレーキを適切に併用することで、求められる制動性能を確保しながら、耐摩耗性に配慮しました。当然ながら、過去の経験を活かした開発を行っています」と、説明する。

ボルボグループ全体で排出ガス・燃費性能を

次に、環境・燃費性能面では、さらなる燃費向上を目指した新エンジンが開発された。平成28年度排出ガス規制に適合したうえで、全車型において燃費基準を5％上回る燃費性能を実現している。

内藤雄史は、

「2004年に、排出ガス対応で尿素を使うSCR（選択触媒還元）を弊社がいち早く導入し、お客様にとって総合的に経費が有利になるよう努めてきました。その考え方はいまも変わらず、さらに一歩先を行く燃費性能を開発しました。具体的には、新燃料噴射システムにより、高い噴射圧の実現と、マルチ燃料噴射による緻密な燃焼制御を行っています。この開発では、スウェーデンのボルボ社とUDトラックスの技術を合わせて、ボルボグループ全体で使える性能を目指しながら、日本に向けて適切な性能が得られるよう弊社で独自の調整も行っています。

たとえば、ヨーロッパでは都市間の移動で高速道路が中心になり、渋滞も少ない交通環境ですが、日本の場合は、高速移動のほかに市街地での走行や渋滞も考慮し、発進停止の繰り返しにおいても省燃費となるよう適合しています。また、欧米ではアイドリング回転数が毎分６００回転ですが、日本市場では、停車中の静粛性がより求められるため、毎分４５０回転に下げています」と解説する。

排出ガス対策で、尿素ＳＣＲをいち早く採用したＵＤトラックス（当時は日産ディーゼル社）の経緯は、自動車技術会60周年記念の折に取り上げた話題であった。エンジンでまず燃料をしっかり燃やし尽くし、それによって発生する窒素酸化物（NO_X）を尿素ＳＣＲで処理する。燃料を燃やし尽くすことで効率が上がり、燃費の良さにもつながる。対する別の排ガス浄化策は、NO_Xを発生させにくい燃焼を行い、残るＰＭをＤＰＦで捕らえる考えだった。しかしそれでは燃焼が不十分で、燃費向上に難点があった。

とはいえ、尿素ＳＣＲにも課題はある。定期的にアドブルー（尿素水溶液）を補充する必要があり、補給網の基盤整備が求められる。そこで二の足を踏む思いが、ＤＰＦ方式を選択させたともいえた。だが、ＵＤトラックスは、原理原則を貫き通したのであった。

当時の様子を、内藤は、

「アドブルー供給網の基盤整備は大変だったと思いますが、試しにガソリンスタンドに立ち寄り、アドブルーを補充したいと言うとちゃんと用意されていて、アドブルー供給網の対応にあたった関係部署の努力に感心した覚えがあります」と振り返るのである。

先読み変速 ＥＳＣＯＴ-Ⅵ

燃費の改善については、エンジンだけでなく変速機でも支援している。それが、先読み機能だ。ＵＤトラックスの変速機は、マニュアル式も継続されているが、販売の8割前後を占めるのが、2ペダルでの運転を可能にするAMT自動変速機：ESCOT‐Ⅵ（エスコット・シックス）である（図2）。これは、マニュアル式の変速機のクラッチ操作を自動化したものだ。そのAMTに搭載される先読み機能とは、金子が、

「GPSを使って、一度走った道をその勾配を記憶し、再び走る際に先読み走行することで、車速、エンジン回転数、補助ブレーキなどを自動制御し、快適で安全な省エネルギーを実現する機能です」と、説明する。

たとえば、次の登り坂を予測することで、事前に最適加速し、シフトダウンの回転数を抑制する。そして坂の頂上に近づくと、その先の下りを予測して無駄な速度を事前に制御する。さらに、別の惰性制御を活用して、坂を下る前に変速機をニュートラルにし、惰性で坂を降ることで燃料消費を抑え、速度は補助ブレーキを使って適切に制御する。下り坂が終わる直前には、惰性走行距離をできるだけ長く伸ばすため、補助ブレーキの効きを調整する。

時速60㎞以上でのクルーズコントロール使用時に、この先読み走行と惰性走行が機能する。これは、AMT自動変速機ならではの省エネルギー支援機構だ。

開発段階で、金子は、間違いのない制御の作り込みに苦労したと言う。

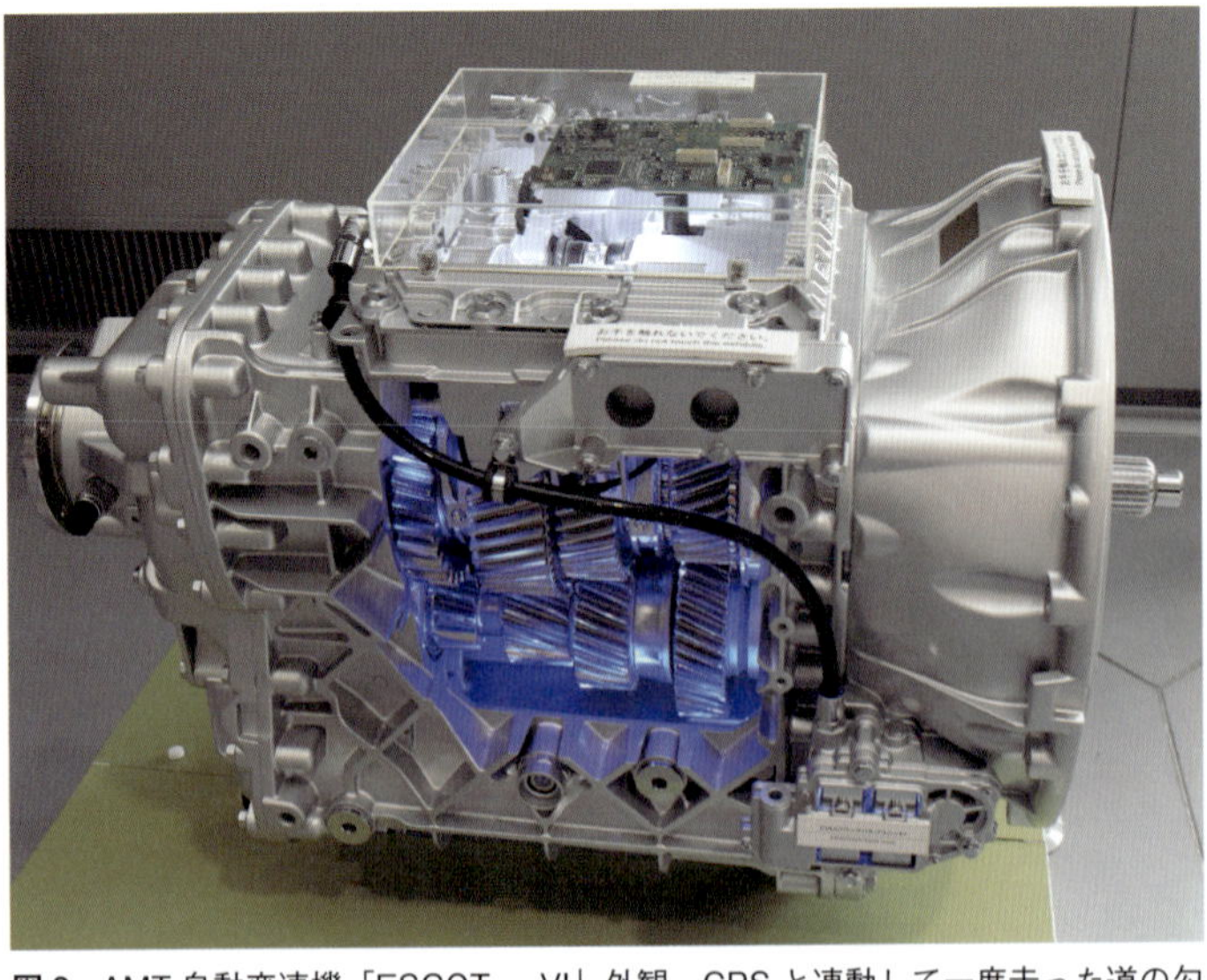

図2　AMT自動変速機「ESCOT‐Ⅵ」外観。GPSと連動して一度走った道の勾配を記憶し、次にその道を通ったときに最適なシフトを選んで燃費を向上させる機能を持つ

「積載時と空荷のときでは車両重量が大きく異なります。また、坂の勾配も様々ですから、間違いのないように、試験走行はウェイトを調節しながら何度も繰り返しました。人の感覚に合った制御にしていくところが難しかったです」

村田竹実は、

「電子制御というのは、電線が一本切れても作動しなくなりますから、配線や制御はバックアップを取れる二重系にしています。ほかに、勾配センサや車重センサで自ら加速を計算し、GPSデータとすり合わせることもしています。そのように、信頼性の構築にはこだわりました」と話す。

ところで、安全や環境・燃費性能に加え、今日大きな課題となっているのが、トラックのドライバー不足である。そうした背景も、AMT自動変速機の誕生につながっている。

金子は、

「乗用車と比較しますと、大型トラックのエンジンが400馬力近くあるとはいえ、車両重量が25トンになれば、1トン当たりの出力は16馬力弱と計算できます。対する乗用車は、エンジンが180馬力あるとして、車両重量が1.5トン程度であれば、1トン当たりの出力は120馬力にもなります。そこで、トラックでは12段変速という多段変速機の変速をきめ細かく適切に行わないと、失速しかねないのです。

熟練ドライバーと同様の最適な変速と滑らかな走り、そして燃費性能を実現するために、自動変速を採り入れるようになりました。

'95年に発売した当初は、簡単な操作で疲労を軽減することが目的でしたが、操作性の改善や燃費の向上、そして2ペダルでの運転と省エネルギー機能の充実、さらに今日では先読み運転による省エネルギー効果の促進や、変速操作の改良などにより、乗用車に近い感覚へ進化しています。大型トラックの一運行で行われる、1000~1500回といったクラッチ操作と変速操作を、2ペダルが解消します」と、説明する。

大型トラックの運転に不慣れな場合でも、より乗用車的な運転ができるようにすることによって、トラックドライバー不足の課題に取り組もうとする姿勢は、ほかにも多岐にわたる。

廣田 雄一 Yuuichi HIROTA
UDトラックス株式会社
開発部門　車両開発 電子電装部 電子設計担当
マネージャー

則岡 明仁 Akihito NORIOKA
UDトラックス株式会社
開発シャシー担当
ダイレクター

金子 邦寛 Kunihiro KANEKO
UDトラックス株式会社
パワートレイン エンジニアリング
コントロールシステムズ テクノロジー

山本 敏雅 Toshimasa YAMAMOTO
UDトラックス株式会社
ビークルエンジニアリング
キャブ　ダイレクター

則岡は、

「大型トラックの場合、空荷では車重が10トンくらいであるのに対し、積載状態だと25トンというように2.5倍もの車両総重量差があります。それだけの重量差があっても同じ感覚で制動できるようにディスクブレーキと電子制御ブレーキシステムを採用しました。どのようなレベルのドライバーが運転しても、スムースかつ安全に停止できる違和感のない操作フィーリングを作り込むのに苦労しました」と話す。

視界確保のための低いキャビンの実現

さらに、ドライバーが乗るキャビンも、新型クオンでは乗用車に近づけた造形や配置となっている（図3）。

山本は、

「日本では、左側のドアの下方に小窓を設けることを自動車工業会の自主規制で実施しており、グローバルと異なる点がありますが、いずれにしても、なるべくドライ

内藤 雄史 Yuuji NAITOU
UDトラックス株式会社
パワートレイン エンジニアリング テクノロジー
ダイレクター

村田 竹実 Takemi MURATA
UDトラックス株式会社
パワートレイン エンジニアリング
ドライブライン&ハイブリッド テクノロジー　マネージャー

図 3 乗用車に近づけたデザインと操作類が配置されたキャビン。視認性を確保するためにできるだけ高さを低くし、空気抵抗を低減させるため風洞でテストし、エンジンやラジエータの寸法とせめぎあいながらキャビンの左右を絞った

バーが直接周囲を見ることのできる視界にこだわっています。窓枠のピラーをできるだけ細くするため、視線方向はできるだけ細くしながら強度を確保しました。またエンジンやラジエータの搭載位置との関係から、キャビンを高くしなければならない場合がありますが、弊社はレイアウトを工夫し従来通り2段ステップで乗れる高さに抑えています。こうしてキャビンを低くすることで、歩行者や背の低い子供をより直接視認できるよう配慮しているのです。ただし、実際の開発段階では、キャビンの下に搭載されているエンジンなどとの場所の取り合いになることもあります」と苦笑する。

その点について内藤は、

「エンジンそのものの寸法は時代が移っても大きくは変わりませんが、排ガス浄化などの装置が増えることにより、搭載場所の確保が必要になってきています。トラックのエンジンは、フレームの間に搭載されているので、横へ広げるわけにいきません。どこへ空間を探すかとなると、上へ行くしかない。そこでキャビンとのせめぎあいになるのです」と、説明する。

さらに、燃費向上のためキャビンの外観デザインにもこだわり、風洞でクレイモデルを削りながら空気抵抗の低減に取り組んだと山本は言う。

「空気抵抗を下げるため、キャビンの前を絞りたいのですが、そうすると、アクセルペダルの置き場所が制約を受けます。かといって、ペダルを中央に寄せようとすると、そこにはエンジンやラジエータがあるので、簡単に移動させることはできません。そこをミリ単位で工夫しながら、エンジン開発担当などと協力して詰めていきました」

創業者の現場スピリットで将来の輸送を考える

一連の開発に際し、開発者たちが支えとしたのは、創業者・安達堅造の精神『現場スピリット』である。
1927年（昭和2年）にヨーロッパ産業界を視察した安達は、自らの力でディーゼルトラックを作りたいと、'35年（昭和10年）に日本デイゼル工業を設立した。3年の歳月をかけ、'38年にディーゼルエンジン第1号を完成し、100時間の耐久試験を行う（図4・5）。翌'39年にはディーゼルトラック第1号を完成させ、自らハンドルを握って3000kmの試験走行に出かけた。まだ舗装も完備しない道を走りぬくことで耐久性を確認できれば、顧客のもとで故障することはないであろうと考えたのである。
「自らの現場を重視し、尊重する精神とビジョンに確信を得た」
と、安達は語ったとされる。
2014年にUDトラックスは、創業当時のトラックと最新型トラックの2台で、かつて安達が試験走行した3000kmの道を巡ったという。
安達の目指したトラックの条件は、
⊙堅牢であること
⊙故障のない車をつくること
⊙ユーザーのコスト軽減に貢献すること
⊙大量の荷物を積めること
である。そして今日、
⊙品質
⊙理解
⊙安心感

⊙柔軟性
⊙即応性
に基づき、本社、工場、実験、テストコースが一つの敷地で一体となった拠点で、UDトラックスは開発を手掛けている。

　そのUDトラックスが考える将来像とは、どのような姿であるのか。

　則岡は、「電動化と自動運転に向けた開発に取り組んでいます。シャーシの面では、軽量化と、更なる運転のしやすさを追求し、自動運転をサポートする操舵機構や制動制御機構の開発が将来の鍵を握ると考えています。高齢者や女性ドライバーが増加していることに対応し、

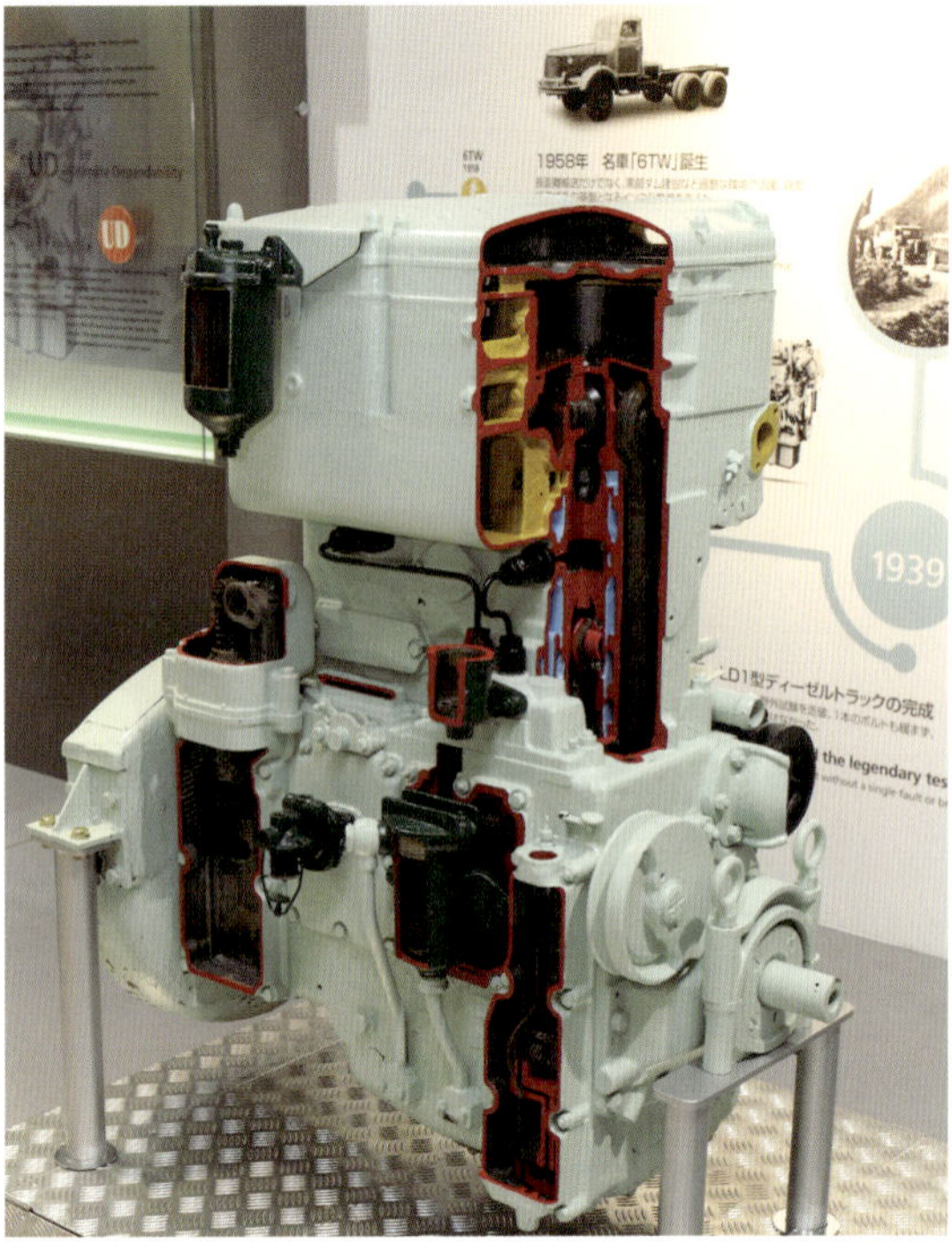

図4　第1号エンジンとなるND1/KD2エンジン（昭和13年）。2サイクル2気筒ディーゼルエンジン。2.7Lで44.7kWを1500rpmで発生した

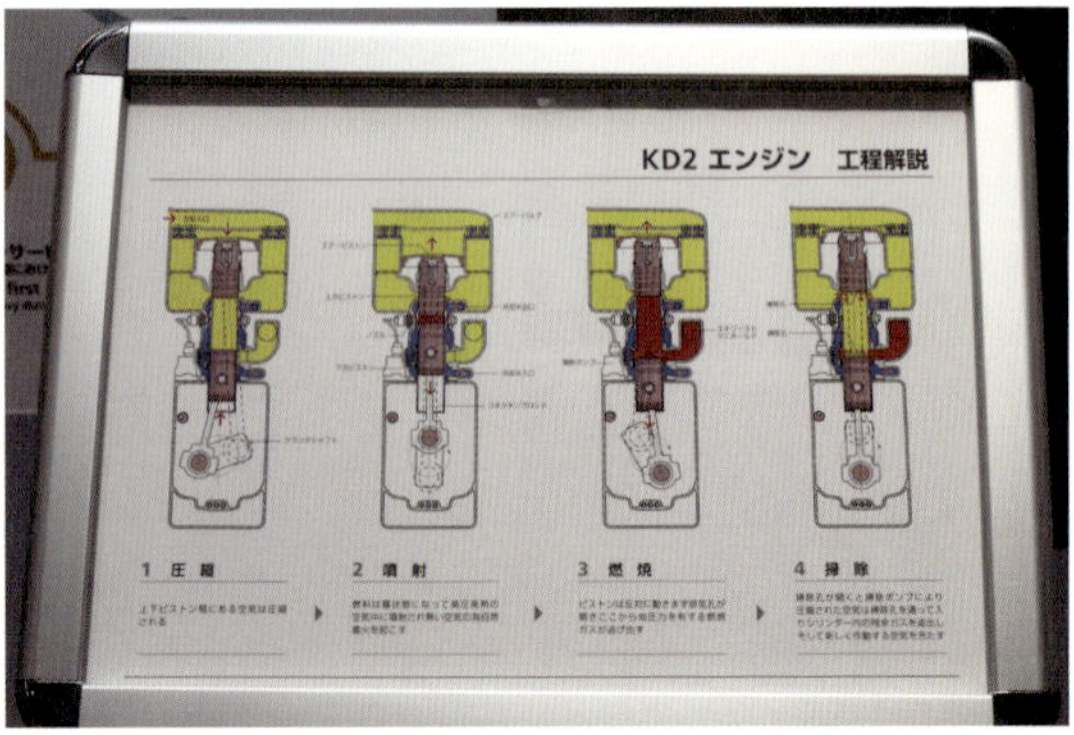

図5　ND1/KD2の作動原理。上下にピストンがあり、リンクでつながれて圧縮する。そこに燃料が噴射されて着火、ピストンが上下に動き燃焼ガスが排出される。掃気ポートが開くと掃気ポンプで圧縮された空気は掃気ポートからシリンダに入り、残余ガスを排出したあと、作動する空気となる

物流の効率面から、隊列走行も一つの選択肢ですが、例えば積載量のとれるトラクターやトレーラーによる輸送も、ドライバー不足を解消する選択肢として考えられます。一方、そのような車両は高度な運転技術や経験が求められ、そこをいかに支援できるかも重要な技術開発項目と考えています」

村田は、「電動化や、トラックの隊列走行などの自動化によって、では、電車と何が違うのかをしっかり考える必要があると思っています。欧米は、鉄道網が日本に比べ十分ではない面があり、トラックの隊列走行などが現実的な将来像かもしれません。しかし、日本は鉄道網が全国に行き渡っていますから、それとの差別化した商品像を将来へ向けて描いていかなければならないと思います」

内藤は、「新車発表会場でお客様（運送会社）に聞かれるのは、ドライバー不足の実情を踏まえ、自動運転は付いていないのかという問いです。1回の運行で積載量を増やすには、隊列走行もその一つかもしれません。そうした要望が高まっているので、グローバルも含め準備をしていくことになるでしょう。その際、法整備も不可欠で、この点は他社と共同で取り組む必要が出てくると思います。

エンジンに替わって電動化されていくかどうかについて、まだ答えは出ていません。当面はまず、さらに燃費を改善していくことが大切でしょう。そのうえで、エンジンから電動へといった転換期が来たとき、迅速に対処できる技術は持っているようにしておきたいです」

廣田は、「安全にかかわる開発はこれまでと変わることはなく、過信、依存、不信とならない装備にしていくことが重要です。そのうえで、トラックは日本全国へ365日24時間走りますので、いつでも安全に走行できるようにするため、社会基盤との協調も不可欠ではないかと考えています。それには、官民が一体となって取り組まなければなりません。また、国内4社にとどまらず、世界的に統一した技術要件が必要と考えます。

たとえば、隊列走行するといっても、各社のトラックの動力性能、積載状況による加減速性能が違っていては、隊列の車間距離が開いたり縮まったりしてしまいます。また、後続の無人トラックが万一故障したらどうするのか。そこに置いておかれたトラックはどのように回収するのか…。机上の想定ではなく、現実に起こる可能性のある課題に対し、技術と運用の両面から、できるだけ早く議論を煮詰めていくことが大切ではないでしょうか」

山本は、「自動運転や隊列走行の方向性にあるのは事実でしょうが、ドライバーの居る意味や意義を考え、人間中心の議論を重ねることも大切ではないかと考えます。たとえば、ボルボが行っているような、鉱山など限られた場所での無人化はできるかもしれませんが、一般公道ではどうなのか。ドライバーが居ないことで何が起こるのかをきちんと想定し、シミュレーションしておかないと前へ進めないと思います。弊社としては、まず人間中心で考えていき、いかにスムースに移行できるかを考えたいと思います」

金子は、「現状の排ガス対応において、同じ排ガス性能を実現し、同様の尿素SCRを採用していながら、システムがメーカーによって異なることがいいのかどうか。お客様の利点のために各社が競えるところがあると同時に、お客様に直接かかわらない部分については、共通化、簡素化といったことも必要ではないかと考えています」

創業者・安達がお客様のためを第一としたUDトラックスの精神『現場スピリット』は、トラックの将来へ向けた取り組みでも変わらないことを、開発者たちの言葉から読み取ることができる。

あとがき

十年前の自動車技術会60周年の折、『技術者たちの叡智とロマン～自動車産業を支えた技術者たち』（書籍化の折は、『クルマ創りの挑戦者たち』）を、取材し、執筆させて戴きました。そこには、愚直なまでに真摯な技術者の、開発への姿勢が、全14メーカーそれぞれにありました。

それから十年を経て、再び各メーカー渾身の技術開発に携わった技術者に改めて取材をする機会を得て、強く印象に残ったのは、目指すべき開発の方向性の明確化と、それを達成するため原理原則に基づいた取り組みでした。

二十世紀は石油の世紀、あるいは自動車の世紀といわれ、内燃機関を基に性能や効率をいかに高めていくかに邁進した百年でした。そして二十一世紀となり、環境の世紀といわれるようになって求められたのは、飛躍的な効率向上による省エネルギーと、環境負荷の低減です。

しかし、それが単に数値としての実現にとどまったのでは、何のため、誰のために商品化されたのかわからなくなる恐れをはらみます。乗用も商用も含め、そこに人が介在し、楽しんだり、仕事に従事したりする以上、人の心を動かす性能になっていなければならないのは、いうまでもないことです。

この十年の間、デジタル化の進歩によりシミュレーションを駆使した効率的開発がさらに躍進しました。しかし、以上の様な開発への命題を考えたとき、開発するのはやはり人であり、それを使うのも人だということを、今回の取材によって改めて強く認識させられたのです。

この先、情報・通信や、人工知能の発展がさらに進んでゆくでしょう。それでも、人が開発し、人が使うものであるという視点は、ゆるぎないものではないでしょうか。そこを見失えば、ロボットがすべてを賄い、人が介在する社会は失われていきます。

情報・通信や人工知能を駆使するとしても、何のために、誰のためにを決めるのは人であり、技術者であり、メーカーである――このことが、いっそう明らかになった取材でした。そして、日本のものづくりの現場の素晴らしさを再認識することができました。

2017年　9月吉日

フリーランスライター
御堀 直嗣

◎—著者紹介

御堀　直嗣（みほり　なおつぐ）

1955年東京都生まれ。玉川大学工学部機械工学科卒。1978年からFL500、1990年からFJ1600と各種自動車競技に参加。現在はウェブサイトや雑誌などに主に自動車関連の記事を寄稿している。日本カー・オブ・ザ・イヤー選考委員．市民団体「日本EVクラブ」の副代表も務める。

◎—写真

桜井 健雄（さくらい　たつお）

—国内14メーカーが語る—

独創技術が生み出すブランドの力　定価（本体価格2,000円＋税）

2017年10月1日　初版発行

編集発行人————石山　拓二

発行所————公益社団法人 自動車技術会

〒102-0076 東京都千代田区五番町10番2号

電話 03-3262-8211

印刷所————株式会社 精興社

ISBN 978-4-904056-80-6 C3053

創立70周年記念事業実行委員会

委員長	竹村 宏	本田技研工業株式会社
副委員長	葛巻 清吾	トヨタ自動車株式会社
幹事	窪塚 孝夫	公益社団法人自動車技術会
委員	石山 拓二	京都大学大学院
委員	市村 誠一	マツダ株式会社
委員	江越 和也	三菱自動車工業株式会社
委員	川村 訓久	トヨタ自動車株式会社
委員	草鹿 仁	早稲田大学
委員	須田 義大	東京大学
委員	本川 正和	いすゞ自動車株式会社
委員	松岡 誠	本田技研工業株式会社
委員	柳井 達美	日産自動車株式会社